中国科普名家名作

ShuXueHuaYuanManYouJi

趣味数学专辑·典藏版

中国少年儿童新闻出版总社
中国少年兒童出版社

北 京

图书在版编目（CIP）数据

数学花园漫游记（典藏版）/ 马希文著 . — 北京：中国少年儿童出版社，2012.3（2024.6重印）
（中国科普名家名作·趣味数学专辑）
ISBN 978-7-5148-0490-4

Ⅰ . ①数… Ⅱ . ①马… Ⅲ . ①数学—少儿读物 Ⅳ . ① 01—49

中国版本图书馆 CIP 数据核字（2012）第 277443 号

SHUXUE HUAYUAN MANYOUJI（DIANCANGBAN）
（中国科普名家名作·趣味数学专辑）

出版发行：中国少年儿童新闻出版总社 中国少年儿童出版社

执行出版人：马兴民

策　　划：薛晓哲　　著　　者：马希文
责任编辑：文赞阳　薛晓哲　许碧娟　常　乐　　封面设计：缪　惟
插　　图：杜晓西　　责任校对：杨　宏
责任印务：厉　静

社　　址：北京市朝阳区建国门外大街丙 12 号　　邮政编码：100022
总 编 室：010-57526070　　发 行 部：010-57526568
官方网址：www.ccppg.cn

印刷：北京市凯鑫彩色印刷有限公司

开本：880mm×1230mm　1/32　　印张：6
版次：2012 年 3 月第 1 版　　印次：2024年6月第33次印刷
字数：73 千字　　印数：342001-372000 册
ISBN 978-7-5148-0490-4　　定价：19.00 元

图书出版质量投诉电话：010-57526069　　电子邮箱：cbzlts@ccppg.com.cn

数学花园漫游记

数学花园漫游记

目录

数学花园漫游记

序

打开这本书，我将带你到数学的花园里去漫步。

你已经学了不少数学知识。这些知识都在数学花园的大门口，或者在进门不远的地方。这些地方已经修起了许多美丽的花坛花棚，盖起了许多高楼大厦。你学过的数学知识，是这些建筑的基础。

这一次，让我们尽可能走得远一些，去观赏一下数学花园里的新景色！

数学的花园很大，分成许多小区，这些小区叫做数学的分支。你学习的代数、几何，就是数学的分支。每一个分支，又分成许多小的分支。不论大的分支、小的分支，几乎都有我们的同胞在工作；有的分支，还留下了我们祖先深深的脚印。你一定想知道，这些能工巧匠在那里干些什么。

他们在锄地、灌水、栽花。他们在维修、改建和新建一座座精美的建筑。

随我一路走过去吧！各种各样的景色会引起你的喜爱和关心。

新奇的问题层出不穷，每一个分支里都有它独特的问题。有的你一眼就能看出它的实用价值，有的你会感到它是严肃的理论研究，有的你会觉得它是有趣的智力测验，有的还可能和你平时的看法不一致。

这些问题，在它们自己的分支里都是有资格的代表。

为了解决这些问题，人们已经花费了许多时间和精力。他们反复琢磨，有的提出了新的观点和思想，有的想到了新的方法和技巧。

看看他们的成绩，听听他们的议论，你就可以接触到现代数学的脉搏，感觉到它是在怎样跳动着。

希望你不要只是满足于看看而已。

每当遇到一个新的问题，你应当想一想，这是一个什么性质的问题，你能解决它吗？

每当听到一种新的思想，你应当想一想，这种思想的本质是什么，对你有没有启发？

每当看到一种新的方法，你应当想一想，这种方法妙在哪里，你能用它来解决其他问题吗？

不然的话，你会入宝园而空回。

数 数 问 题

谁不会数数？这也算个问题？

当然啰，人有几个手指，屋子里有几把椅子，这谁都会数。

但是也有一些数，不能靠“1、2、3……”这样简单的办法去数。

比如中国有10多亿人口，如果1、2、3……这样地数，就算1秒钟数2个，1天24小时不停地数，也只能数$24 \times 60 \times 60 \times 2 = 172800$个，1年数$172800 \times 365 = 63072000$个，10多亿个就要数

20 多年。在这段时间内，不知有多少人死去，多少人出生，怎么数得清呢？

又比如教室里有多少座位，我们一般不是一个一个地数，而是数数有多少排，每一排有多少个座位，然后用乘法来计算。

有一些数字很大，又只需要一个比较粗略的近似值，这时候，我们就要利用种种办法进行估计。一本书有多少字？大体上可以用页数乘上每页的行数，再乘上每行的字数来估计。

不过，即使是估计，有时候也需要认真思考，才能找到一个切实可行的好办法。

例如，你头上有多少根头发？

据说，人的头发有几十万根之多，当然不可能一根一根地去数。你想用乘法来计算，可是头发不是成行成垄、整整齐齐地排好的。

一种切实可行的办法，是测量一下长着头发的皮肤面积有多大，再数一数1平方厘米的头皮上有多少根头发，这是可以数得清的。

当然啰，头上这1平方厘米和那1平方厘米的头发可能不一样多。我们可以仔细观察一下，选有代表性的1平方厘米。

数头发并不重要，数森林中的树有多少棵，可是一件重要的事。这两个问题十分相似，可以用相同的办法去解决。

但是，森林中的树长得有稀有密，我们很难走遍整个林区，来挑选一块最典型的地方。这怎

么办呢?

最好的办法是任意挑选若干块地方，分别计算，然后求出平均数来。数学的研究说明，平均数总是更加接近实际。

研究这类问题的数学叫做数理统计。这是现代数学中一个非常活跃的分支。这里用的方法，叫做抽样方法。

我们再举一个例子，来说明数理统计的用途。

水库里养了鱼，每年要捕捉一些供应市场需要，爱吃鱼的人很多，最好多捕一些。捕得太多了，剩的就少，会影响鱼的繁殖，明年就捕不到多少鱼了。

为了掌握好捕鱼的数量，就需要知道水库里到底有多少鱼。这个问题看来和上面的问题很相像，其实要困难得多。因为鱼是游来游去的，而我们也不好选出1平方米水面，来数一数下面有多少鱼。

渔业人员想出了一个巧妙的办法，他们捕上1000条鱼，给每条鱼都做上记号，比如在尾巴上剪去一个小角，然后放回水中。

鱼儿到了水里就四散游开去。过了几天，这些鱼均匀地散布在水库的各个地方了。

渔业人员再捕上1000条鱼，一看，其中有20条是做过记号的。

他们想，如果水库中共有x条鱼，其中有1000条被我们做过记号，那么，做过记号的鱼占全部x条鱼的几分之几呢？当然是$\frac{1000}{x}$了。现在捕了1000条鱼，其中有20条做过记号，也就是说，在这1000条鱼中，有记号的鱼占$\frac{20}{1000}=\frac{1}{50}$。这个比和前面那个比的值，大体上应该是一样的。所以，$\frac{1000}{x}\approx\frac{1}{50}$。这样一来，就计算出$x\approx 50000$了。

5 万条鱼，今年捕上三、四万条，大概没问题吧！

这个问题，简直像一个简单的比例问题，其实不然。你也去那里捕 1000 条鱼，数数有几条是做过记号的，你敢保证也是 20 条吗？不敢吧！

实际情况必然是这样，每捕 1000 条鱼，其中做过记号的鱼的数目，不会是一成不变的。

比如说，你捕的 1000 条鱼中有 25 条是做过记号的，你列出的方程就会是 $\frac{25}{1000} \approx \frac{1000}{x}$，算出的结果是 $x \approx 40000$，比刚才算的少了 1 万条。那么，水库里到底有多少条鱼呢？

数理统计可以帮助我们解决这个问题。它告诉我们，在后捕上来的 1000 条鱼中有多少条做过记号，这个数目虽然不是固定不变的，但它有一定的变化规律。一旦掌握了这个变化规律，我们不但可以用比例的办法来估计出水库中鱼的总数，而且可以掌握这个估计会有多大的误差。数理统计还给我们提供了一些更好的办法，来帮助我们尽可能减少这种误差。

这样，就在数理统计的基础上，发展出一整套调查动植物资源和研究许多其他问题的方法。

关于考试的话

考试成绩公布了，大家都很关心。

考试得分多，固然好，得分少，也不必太难

受。因为考试是对某一阶段教学的检查，不但检查学生学得好不好，也检查老师教得好不好。不好怎么办呢？学生得想法子改进学习方法，老师也得想法子改进教学方法。

还有个问题，考试能不能真正反映教学成绩，还得看出题的人的水平。

我们请出题的人出两份性质一样的题，让 50 个学生重复考两次。如果出题的人水平很高，出的题目确实能够考出学生的学习成绩来，那么，每个学生在两次考试中得的分数应该基本相同。

说基本相同，就是不能绝对化。考分有偶然的成分。一个考 90 分的学生，不一定比考 95 分的学生差；在另一次考试中，他们俩的考分很可能调个个儿。但是无论如何，如果两份题性质一样，每个学生的两个考分应该是接近的。

我们把两次考试的成绩作一个统计：

第二次 / 第一次	98~100	95~97	92~94	89~91	86~88	83~85	80~82	77~79	74~76	71~73	68~70	65~67	62~64
98~100	2	1											
95~97	1	4	2										
92~94	1	2	1										
89~91		1	1	1	1	1			1				
86~88				3	1	1	1				1		
83~85				1	1	2							
80~82					2	2							
77~79										1			
74~76							1	1	1				
71~73							1			2	2		
68~70									1				
65~67								1		1			
62~64									1				2

当然啰，其中也有个别例外，比如有一个同学第一次考试分数在86~88之间，第二次却跑到68~70之间去了。这可以算作一种偶然情况。

这是50个学生在两次考试中的成绩统计表。两份考题的性质是一样的。箭头指出的“2”是两个学生在第一次考试中得了80~82分，在第二次考试中得了86~88分，这表示两次考分的关系是很密切的。用数理统计的方法，可以算出两次考分的相关系数高达0.96。这好比说，出题人的水平是96分。

考试成绩还可以说明更多的问题。比如说，这次考试是10个题，每题10分，那我们还可以列出一个每个人每道题得了多少分的表：

题号 姓名	1	2	3	4	5	6	7	8	9	10	总分
甲	10	10	10	10	10	8	8	10	10	8	94
乙	8	4	10	2	0	0	10	10	10	8	62
丙	10	6	10	0	5	10	8	10	6	6	71
…	…										…
平均	9.6	7.4	9.8	4.8	5.5	7.7	8.9	9.8	9.6	6.6	80.7

这张表说明：第四题和第五题，同学们掌握

得不太好，是学习的弱点所在；第三题和第八题，同学们基本上都答对了，可见掌握得都不错。如果这是物理考试，而四五两题都是有关电学的，那么，今后应该加强电学方面的教学。

这种表是分析考卷的时候经常要用到的。根据是什么呢？就因为平均数最能反映一般情况。

当然啰，这样分析还嫌粗糙，因为一般考试题都带点儿综合性。还得把综合的东西分解开来，再作进一步的分析。

现代的数理统计，提出了许多很好的方法，来处理这些问题。比如说，用因子分析和群分析的方法，我们可以从上面的表中，找出主要是哪些因素影响了学生的成绩：是掌握概念的程度吗？是灵活运用公式的能力吗？是逻辑推理的能力吗？还有没有其他未知的因素呢？

经过这样分析，把一次考试能说明的问题充分发掘出来，分数才能发挥它对改进教学方法、提高教学质量的指示作用。

人们在日常工作和生活中，常常碰到大量的

数据资料。用数理统计的方法整理和研究这些资料，可以得到许多有指导意义的结论。因此，数理统计在近年来发展很快，应用范围正在不断扩大。

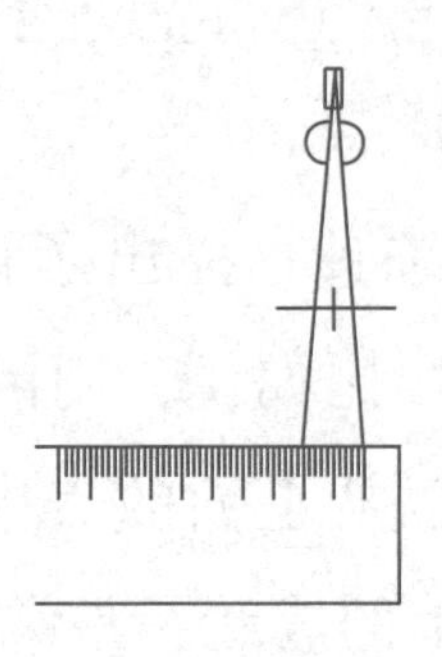

地图上的数学

几何学研究图形的性质。

自行车、课桌和形形色色的机器、车辆以及用具等，都是工业产品。在设计的时候，人们总是尽可能地采用直线、圆、三角形、四边形等简单的几何图形，为的是便于加工和配套，便于使用和修理。

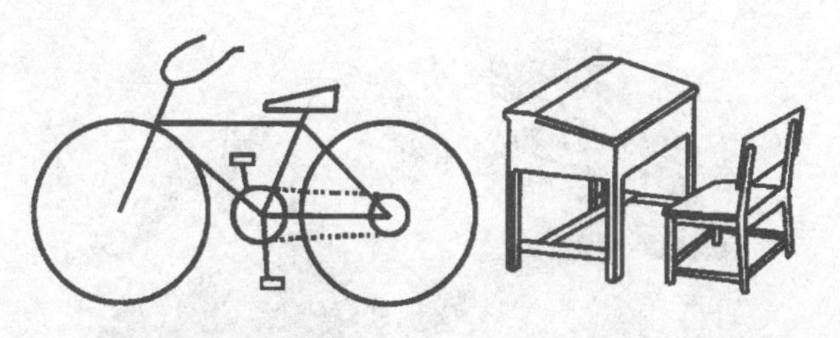

自然形成的东西，形状往往要复杂得多。我

们常常说某某人是四方脸或者圆脸，那只是一个大概的轮廓罢了。如果某个人的脸真是一个端端正正的正方形，或者是一个浑圆的圆形，那会把人吓得毛骨悚然的。

自然界里的东西，都不会是又整齐又简单的图形，所以几何学不能只研究简单的几何图形。

我们翻开一本地图来看一看，地图上就充满了各种各样的复杂的图形，最主要的是曲线。比如北京到天津的铁路是一段曲线，北京市的边界是一条首尾相连的曲线。

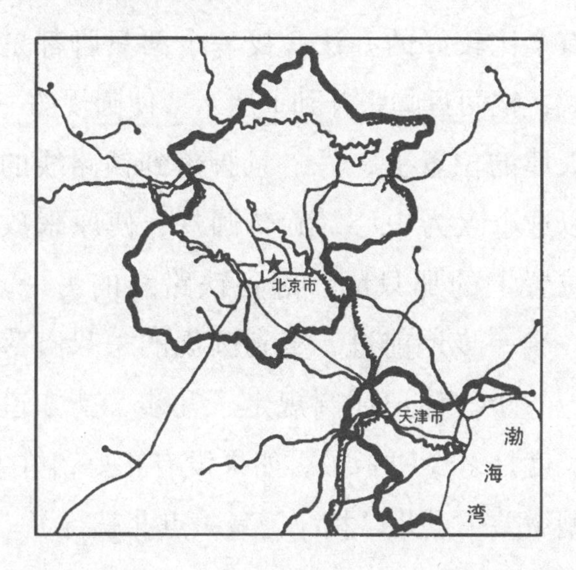

大家都知道，量直线的长度可以用直尺，量曲线的长度却没有“曲尺”。曲线的形状千变万化，没有一种曲尺可以对付各种不同的曲线。

有一个办法可以量天津到北京的铁路线有多长，就是用一根细线顺铁路线摆好；用笔在线上做两个记号，表示北京和天津的位置；然后把线拉直，用直尺量出两个记号之间的距离。

这个方法很不方便，而且效果很差，不信你就试试。要使细线正好摆在铁路线上很困难，如果反复做几次还会发现，各次量得的结果相差很大。

有个比较好的办法：找一个两只脚都是铁针的圆规，把两只脚张开到 1 厘米，使圆规的一只脚放在天津的位置上，另一只脚落到铁路线的一点上。以这个点为中心，旋转圆规，使原来放在天津的位置上的那只脚，落到铁路线的另一点上。这样一步一步地前进，直到圆规的一只脚落到北京的位置上。你记住圆规走了几步，就知道铁路线的长度是多少厘米了。如果没有正好落在北京，而是稍微差一点儿，相应增减一点儿就行了。

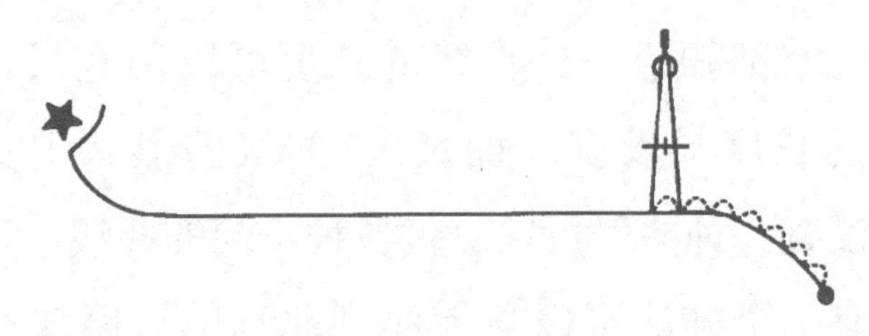

当然，也可以把圆规的两只脚张开得小一些，比如说 0. 5 厘米，或者 0. 3 厘米，量出来的距离就

更准确一些。这是什么道理呢？请看下面的图。

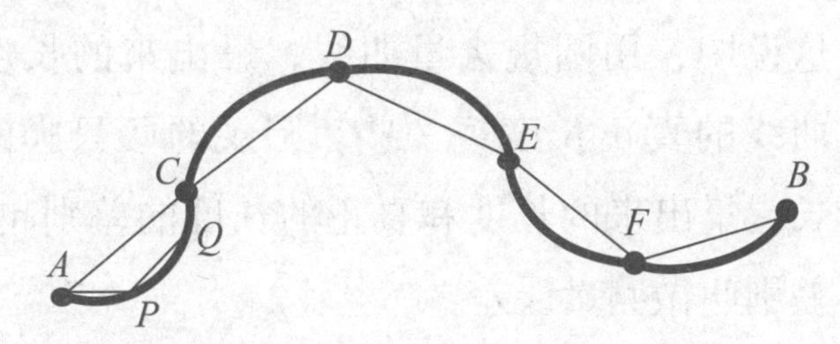

如果圆规两只脚张开的距离是 1 厘米，用来量图上 AB 这一段曲线，一共走了 5 步，分别经过 C、D、E、F 各点。那么我们可以说，AB 这段曲线的长是 5 厘米。

但是仔细一看图，就知道这个数目并不正确。比如从 A 到 C 之间的直线，和 A 到 C 之间的曲线并不重合，还离得比较远，A 到 C 的直线距离是 1 厘米，而从 A 到 C 之间的曲线就比 1 厘米要长一些。

要是你把圆规两只脚的距离改成 0.5 厘米，再去量，你会发现，第一步落到 P 点，第二步落到 Q 点，就到不了 C 点，还差一点儿；接着量下去，第四步也到不了 D 点，而且差得多了一些。因此走满 10 步一定也到不了 B 点，还得走上一步或者两步才行。

这说明，用圆规去量曲线，量出来的长度总是比曲线的真正长度短一些。圆规的两只脚的距离越长，量出来的长度和真正的长度的差别越大。这个差别叫做测量误差。

所以在实际测量的时候，应该尽可能缩小两只脚的距离，减少测量误差。

但是，误差总是无法避免的，除非把圆规的两只脚的距离缩小到零。可是这样一来，圆规只能在原地打转，无法前进一步，也就不能测量了。

有没有更好的办法呢?

有。如果曲线的真正长度是 l，用圆规来量：两只脚张开 1 厘米，量出的距离是 a，张开 0.5 厘米，量出的距离是 b；那么，前一次测量的误差是 $l-a$，后一次测量的误差是 $l-b$。

前面已经说过，圆规的两只脚张开越大，测量误差越大。把圆规的两只脚的距离从 1 厘米减到 0.5 厘米，误差就会减少一半左右，所以

$$l-b=\frac{1}{2}(l-a)。$$

即 $l = 2b - a$。

用这个公式计算的结果，误差要小得多，也就是说更加符合实际。但是请注意：圆规两只脚的距离缩短一半，误差就减少一半，这不过是假定，并不是百分之百的精确。所以这个公式，还只是一个近似的公式。

以上所说的长度，是指地图上的那条曲线的长度。要想知道北京到天津的铁路线的实际长度，还要知道地图上的 1 厘米相当于地面上的多少厘米，这叫做比例尺。每张地图的比例尺，一般都标在地图的一个角落里。比如 1∶4000000，就是地图上的 1 厘米相当于地面上 4000000 厘米，即 40 千米。在这样的地图上，一条长度为 5 厘米的曲线，相当于地面上的 $40 \times 5 = 200$ 千米。

北京市的面积有多大

在地图上不但可以量出距离，还可以算出面积。

比如一张1∶4000000的地图，图上1厘米相当于地面上40千米，即图上1厘米见方的正方形，就相当于地面上40千米见方的正方形。也就是地图上1平方厘米，相当于地面上$40 \times 40 = 1600$平方千米。

根据这个道理，我们要知道北京市的面积，只要算出北京市在地图上的面积，就可以推算出来了。

但是，北京市在地图上的形状，并不是简单

的几何图形，它的面积怎样计算呢？

找一块透明塑料板或者一张透明纸，每隔一定距离，比如说每隔1厘米点上一排点，点和点的距离也是1厘米。这个很整齐的“格点”就是我们的工具。

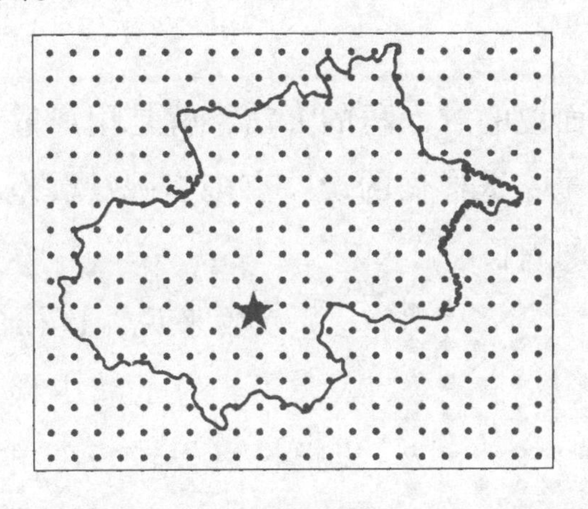

如果想要计算某个图形的面积，我们就把格点板放在图形上，数一数有多少格点落到了图形内，图形的面积就是多少平方厘米。这是地质工作者常用的方法。

用这个方法求出来的面积是有误差的。你看，落在图形内的格点总是整数，而面积很可能不是整数。面积和格点是两种不同性质的量，比如让北京市的图形慢慢地变大，不管时间多短，它的面积也会相应有所增加，所以面积是一种连续的量。格点的情况不是这样，它要么不变，要增加至少增加一个，所以是一种离散的量。但是在一定的误差范围内，这两种不同性质的量可以彼此代替。

上面说的求面积的方法，就是用离散量代替了连续量。这样做的误差有多大呢？误差不会超过曲线的周长。

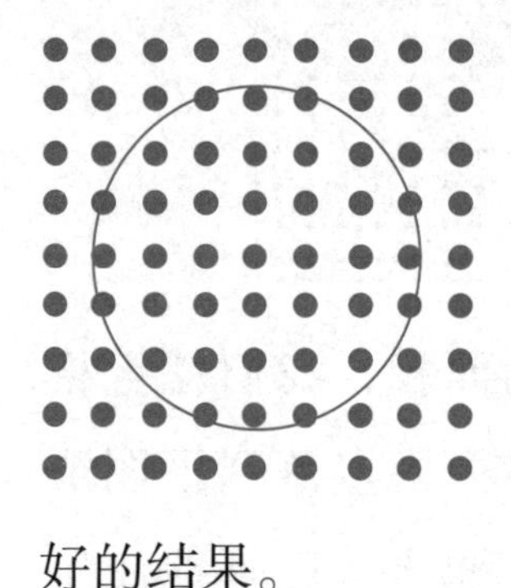

一般来说，这样的误差太大了。为了减少误差，可以把格点板转一个角度，重数一遍。这样重复数几次，求个平均数，就能够得到很好的结果。

连续量和离散量的相互代替，是近几百年来在数学上十分引人关心的问题。有关连续量的数学——微积分、微分方程、复变函数等，都发展得很快，许多公式非常简洁，所以人们常常希望用连续的量去估计离散的量。例如著名的圆内整点问题，就是要用圆的面积（这很好计算）去估计圆内格点数（这可以数出来，但是找不到这个数和半径的关系式），并计算误差。

随着科学技术的发展，数学计算的对象越来越复杂。人们渐渐发现，用连续量写出来的方程有时候解不出来，或者求解的公式极其复杂，结果又产生了用离散量去估计连续量的问题。一个完整的数学理论，往往需要从连续到离散，又从离散到连续，反复多次才能完成。

把这种思想用到计算问题上，就是计算数学。现在有了电子计算机，计算数学越来越显得重要，它的面貌也在不断地更新。

四色问题

在有关地图的各种问题中，最使数学家感到困难和兴趣的，要数四色问题了。

四色问题是怎么回事呢？

找一张中国地图，你看河北省染成了粉红的颜色，河南省染成了米黄的颜色……为什么要这样染颜色呢？当然不是因为河北省这块地方是粉红色的或者河南省这块地方是米黄色的。

地图上染的颜色和地面上天然的颜色并没有什么关系。地图染颜色，只不过为了醒目，看起来清楚一些。要是把一张中国地图全染成粉红色，你要找出河北省和河南省的分界线就困难了。

当然，也不必把每一个省都染成不同的颜色。相距较远的省，即使染成了相同的颜色，也不影响我们看地图。我们只要掌握一条染色原则：相邻的省要染上不同的颜色。

那么，我们至少要准备几种颜色呢？

为了回答这个问题，我们先做一个试验。

拿一张没有染色的中国地图来。再准备一盒彩色笔。

我们从左上方开始吧。

你看，新疆、青海、甘肃 3 个省，它们两两相邻。根据前面说的原则，它们的颜色都不能相同。

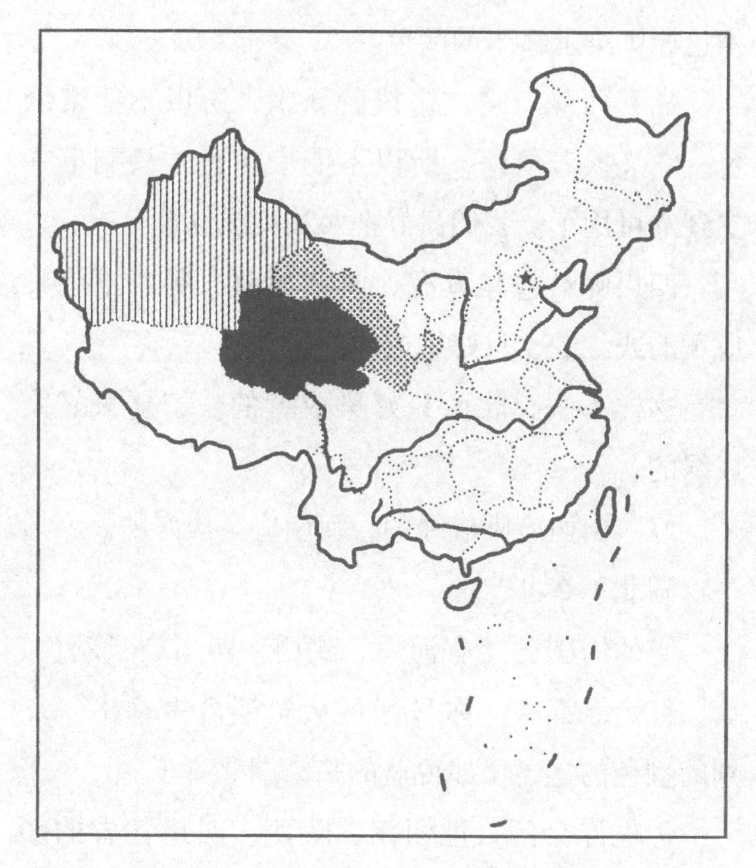

因此，你马上就得用到3支彩色笔。比如说，甘肃染红色，青海染黄色，新疆染绿色。

好。为了节约颜色，尽可能只用这3种颜色，你现在把这3种颜色的笔留在桌上，把其他的笔收起来。看看只用这3支笔，能不能把全国各省都按染色原则染上适当的颜色。

先看西藏。它一边挨着新疆，所以不能染绿色；它又挨着青海，所以不能染黄色；只剩下一支红笔可用了。我们只好把西藏染成红色。

四川呢？它和青海、西藏相邻，所以不能染成黄的或红的，只好染成绿的。

这样下去，陕西只好染成黄的，宁夏只好染成绿的。

好。山西应染成绿的，河南应染成红的。

湖北怎么办？

它的周围已经有河南、陕西、四川染了颜色，黄、红、绿都有，你只好再从彩笔盒中拿出一支别的颜色的笔，比如说蓝的来染湖北省了。

你也许会问，把河南、陕西、四川各省的颜色重新安排一下，能不能就不必拿出蓝色笔来呢？这是不可能的。前面已经说过，那些已经染过颜色的省，它们染什么颜色并不是任意选择的，只要新疆、甘肃、青海 3 个省的颜色确定了，四川、陕西、宁夏、山西、河南等省的颜色就成了定局。

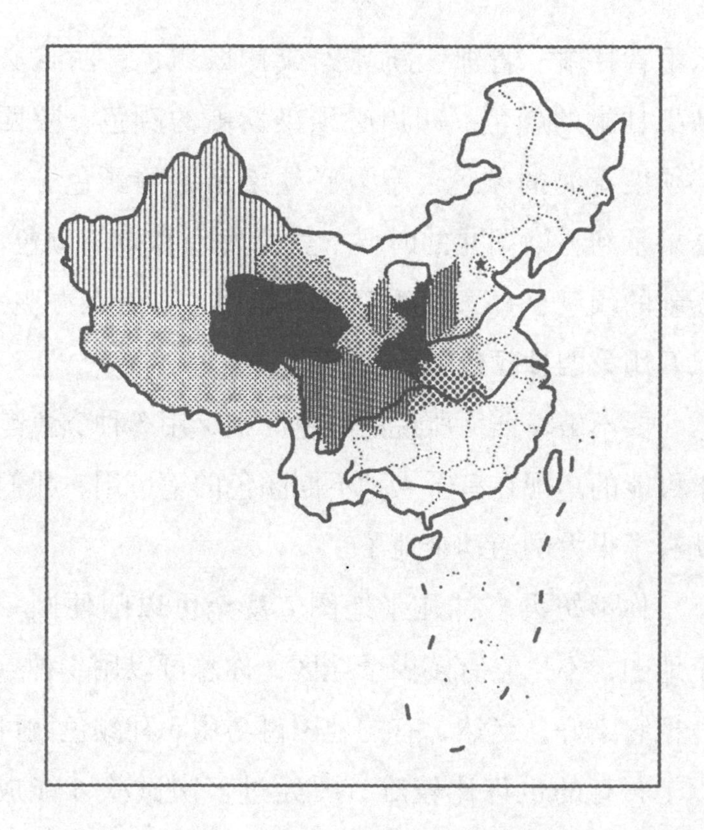

当然，甘肃、青海、新疆 3 省的颜色可以随便换。比如说，甘肃用黄的，青海用绿的，新疆用红的。那就会得到另一张彩色地图，这时，西藏也就改成了黄的，四川改成了红的……结果呢？到了要染湖北的时候，你还是得用第四种颜色。

换个说法就更清楚了。如果只用 3 种颜色，那么不管甘肃、青海、新疆染成什么颜色，西藏必须染甘肃的颜色，四川必须染新疆的颜色，陕西必须染青海的颜色，宁夏必须染新疆的颜色……结果是到了染湖北的时候，就会发现甘肃的颜色、新疆的颜色、青海的颜色都不能用了。怎么办呢？只好用第四种颜色了。

要不破坏前面所说的染色原则，用 3 种颜色是不可能的。现在有了 4 种不同颜色的笔可用，我们就有了很大的活动余地了。

你不妨再多试几张地图，甚至可以随便画一个地图，不论它有多少个地区，你总可以用 4 种颜色把它染好。当然，有的地图碰巧用 3 种颜色就可以了；有的也许比较难，要经过多次试验才能成功。但是有一条是肯定的，古今中外的一切地图，都可以用 4 种颜色来染色，而不破坏染色原则。

在古今中外的地图中没有碰到过例外，并不是永远不可能碰到例外。谁也不能保证不会发生这样的事：有一天，突然有个人画出一张地图，这个地图非用 5 种颜色来染色不可。

所以，一切地图都可以用4种颜色来染色，而不破坏染色原则，在没有得到证明之前，仍旧是一个猜想。证明这个猜想，就是有名的四色问题。

乍一看，四色问题似乎并不难，仔细一想，这是一个很不简单的问题。因为要回答这个问题，就得考察一切可能画出来的地图，而一切可能画出来的地图多得不计其数，不可能一个一个地去试验。

数学家曾经把地图分成了许多不同的类型，每一次讨论一个类型。但是类型太多了，一类一类地研究，工作量还是太大，耗费了许多数学家的精力。

最后，电子计算机帮了人们的忙。它充分发挥高速度的优点，用千余小时检查了所有的类型，终于解决了四色问题，使这个猜想得到了证明，成为一条定理。

如果我们住在土星的光环上

土星的光环奇异好看。如果把土星去掉，剩下一个光环，它就像一个扁扁的游泳圈。

如果我们居住在这样一个世界上，情况会怎样呢？

天文学家会告诉你，这是不可能的。因为那里非常冷，没有大气，脚下不是坚实的土地，而是一些松散的冰块，或者是带冰的石块。

我们感兴趣的是另一个问题：要是把地球上的人和国家都搬到土星光环上去，那么，国家间的边界关系就大大变样了。

为了便于想象，你不妨在一个游泳圈上画一幅地图，把它当做土星光环上的地图。然后做一做染色试验，看需要几种颜色，才能按染色原则的要求，来染每一幅光环地图。

这个问题的答案是：7 种颜色。

当然啰，有的光环地图也许 6 色、5 色、4 色就够用了，而有些光环地图却要用 7 种颜色。也就是说，任何光环地图要染色，至多只要用 7 种颜色。

为什么光环地图要用 7 种颜色呢？道理很简单。因为在光环上，我们可以画出 7 个国家，其中任何一个国家都和其他的 6 个国家相邻。按照染色原则，每一个国家的颜色，都不能和相邻的国家

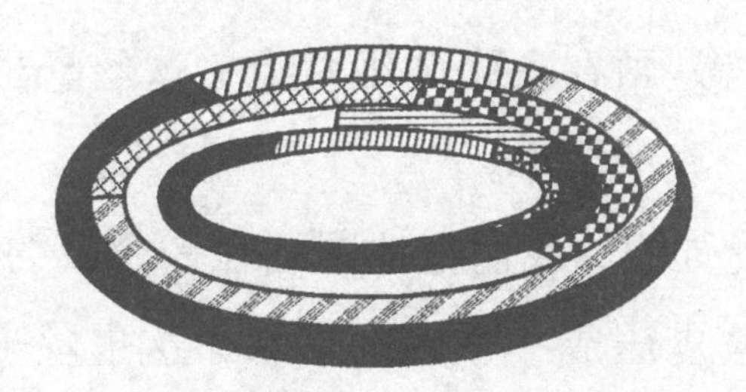

的颜色相同。这就必须用7种颜色，不能再少了。

你可能要问，上一节不是说了，任何地图都可以用4种颜色来染色，为什么这一节又说要用7种颜色呢?

上一节说的“四色”，指的是通常画在纸上的地图；这一节说的“七色”，指的是画在土星光环或者游泳圈上的地图。用数学的术语来说，前一种地图是画在平面上的，后一种地图是画在环面上的。

平面和环面难道有什么不同吗?

当然不同啰，平面是平的，向四面八方都可以伸展到无限远；环面是弯曲的、有限的。但是，平面和环面的这种不同，不会影响染色所需要的色的多少。

比如说，我们把地图不是画在无穷大的平面

上，而只是画在一张圆纸片上，这丝毫也不会改变“四色”的要求。

又比如说，我们把地图画在一个鼓的鼓皮上，然后把鼓皮压成一个碗的形状，这也丝毫不会改变“四色”的要求。

那么，平面和环面究竟有什么不同因素，使它们对颜色多少的要求有所不同呢？

你试试看，能不能模仿环面上的七色地图，在平面上也画一个七色图呢？这一试，你马上就会感觉出平面和环面的巨大差别了：原来在环面上，你无论向哪一个方向走去，都会回到原来的地方。

球的表面叫做球面，它也有这样的性质。但是，环面和球面还有一个很大的差别：如果你沿着一个方向把球面剪开，球面就分成了不相连的两块。在这一点上，球面和平面是一致的。

再在环面上试一试，你可以这样剪两次，而环面还不会变成两块。这就是说，环面的各部分之间的联系，比平面和球面多，你剪断了其中的

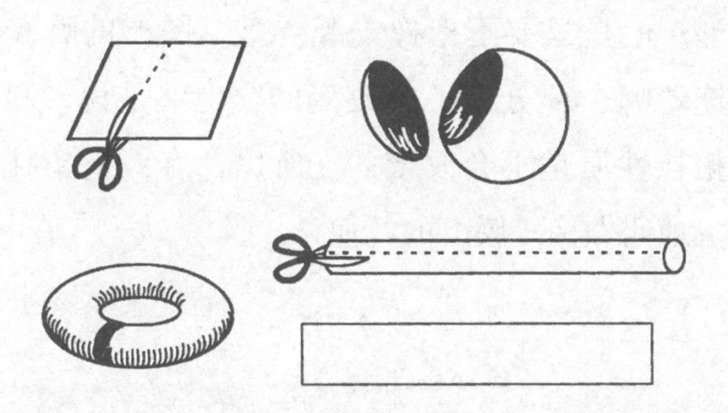

两种联系，它还能连在一起。

因此我们说：平面和球面的连接数是“1”，环面的连接数是“3”。连接数大，需要的颜色就多。

研究这些问题的数学叫拓扑学。这是几何学的一个分支。

在拓扑学中，不关心初等几何中大家熟悉的东西，比如平面、垂直、全等形等，只研究图形的这一部分和那一部分是不是互相连接，这叫做图形的拓扑性质。

如果一个图形是画在橡皮膜上的，那么，把这个橡皮膜随便拉一拉，压一压，卷一卷，图形的样子可能发生很大的变化，三角形可能变成了圆形；但是只要不把橡皮膜弄破，图形的哪个部分连着哪个部分是不会改变的，也就是说，图形的拓扑性质是不会改变的。所以，有人把拓扑学形象地叫做橡皮膜上的几何学。

通向“色数”的桥梁
——欧拉公式

在数学中，感觉到是一回事，证明出来是另外一回事，这两者之间的距离可能十分遥远。著名的哥德巴赫猜想就是一个明显的例子。

四色问题也是早就感觉到了的，后来经过了100多年才得到证明，耗费了许多数学家的精力。

数学家最初对这个问题不感兴趣，以为它太简单，不屑于考虑。后来，他们发现这个问题比想象的要困难得多，为了证明它，要研究许多有关的问题。其中很重要的一个问题，是要深入研究连接数和色数的关系。

给一张地图染色，最要紧的是各个国家谁挨着谁。边界线相交的地方，是三个国家的哨兵都可以到达的地方，我们把这种点叫做顶点。为了简单起见，我们假定没有4个或者更多的国家的哨兵可以到达的顶点。

顶点把边界线分成一段一段的，每一段边界线的两侧是两个国家。

一张地图，如果有 n 个顶点、m 段边界线和 p 个国家，那么：$n-m+p=2$。

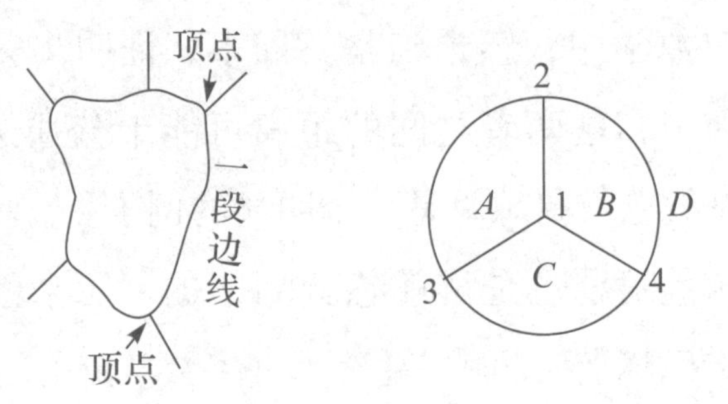

这就是有名的欧拉公式。

上右图，这张简单的地图，它有4个顶点（标明了1、2、3、4），有6段边界（1到2、1到3、1到4、2到3、3到4、4到2），分为4个国家 A、B、C、D（其中 D 占有圆圈外面的所有土地）。

这样就有 $n=4$，$m=6$，$p=4$；$n-m+p=4-6+4=2$，恰好合乎公式。

下面这张地图比较复杂，可以数出来 $n=10$，$m=15$，$p=7$；$n-m+p=10-15+7=2$，也恰好合乎公式。

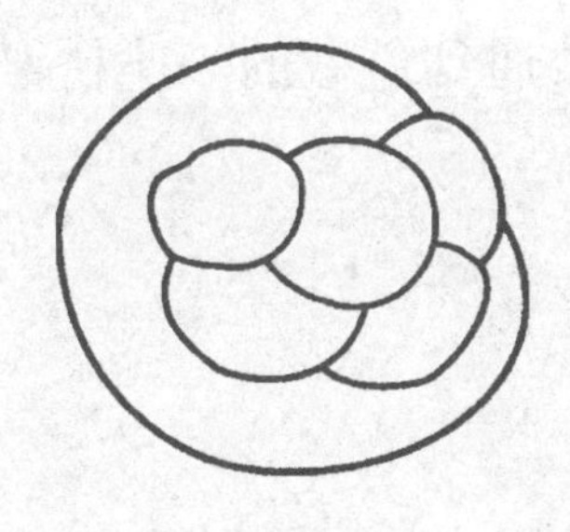

对于环面来说，这个公式就不正确了。上节那张七色图，可以数出 $n=14$，$m=21$，$p=7$；$n-m+p=14-21+7=0$。

我们可以把欧拉公式稍加修改，变成：

$$n-m+p=3-h。$$

这里 h 是连接数。

对于平面来说，连接数 $h=1$，等号右边的 $3-h=2$，这个公式就变成前面写过的公式。

对于环面来说，连接数 $h=3$，等号右边的 $3-$

$h=0$，所以：

$$n-m+p=0。$$

这就是环面的欧拉公式。环面的七色图，正好与这个公式相吻合。

欧拉公式把连接数、顶点数、边界数和国家数联系在一起，是从连接数通到色数的一座桥梁。

四色问题的副产品
——莫比乌斯环

19 世纪的几何学家莫比乌斯也研究过四色问题。他没有解决这个问题，却发现了一种连接数 $h=2$的曲面。后来，人们把这个曲面叫做莫比乌斯环。

莫比乌斯环不只与四色问题有关，还和许多有趣的拓扑学问题有关。

现在，我们通过一个有趣的问题，来介绍莫比乌斯环。

某个地区有 3 个村庄和 3 个学校，现在要从每一个村庄到 3 个学校各修一条路，能不能使这些路互不相交呢？

每个村庄要修 3 条路通向 3 个学校，所以总共得修 $3\times3=9$ 条路。图上画出了 8 条路，要修第 9 条路就不可能了。

你可以再试试，我断定你也会失败的。为什么呢？欧拉公式 $n-m+p=2$ 可以说明这一点。

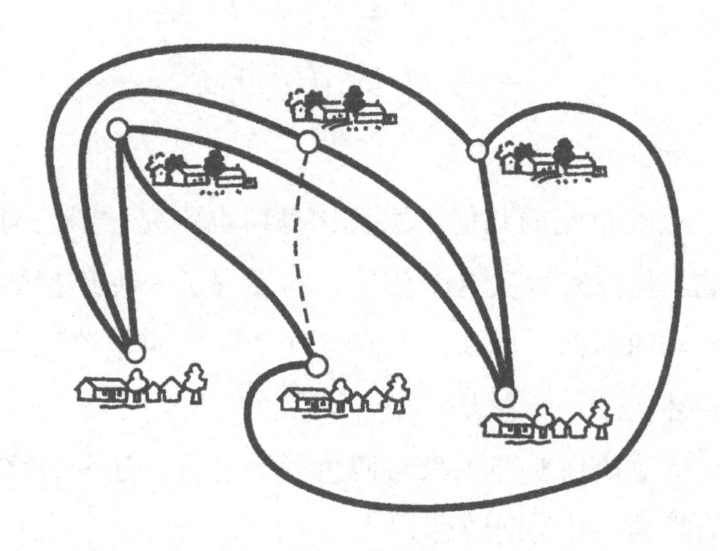

假定你竟把这 9 条路都修好了，那么，每个村庄和每个学校，就相当于一个顶点（n），每一条路就相当于一段边界（m），道路之间的土地就相当于分成若干个国家（p）。因为有 9 条路、6 个顶

点，所以根据欧拉公式：

$$6-9+p=2，得 p=5。$$

就是说有5个国家。

可是，从一个村庄出发，随便走一段路，就会到达一个学校；再走一段路，就会到达另一个村庄；再走一段路，又会到达另一个学校。总之，走3段路是不会回到原地的，也就是说，3段边界围不出一个国家。可见每个国家至少有4段边界。

我们知道，每一段边界两侧各有一个国家，9条边界两侧共有18个国家。现在，每一个国家至少有4段边界，$18 \div 4 = 4.5$，而国家的数目不可能出现小数，所以国家至多是4个。

这里说国家至多是4个，前面根据欧拉公式算出来，国家必须有5个，这不就矛盾了吗？这只能说明开始的假定是不合理的，也就是说，你不可能按题目提出的要求把路修好。

这种在地面上不可能完成的修路计划，在特殊的曲面上倒是可以完成。把 $n=6$、$m=9$、$p=4$

代进欧拉公式：

$$6-9+4=3-h，得 h=2。$$

这说明在连接数是2的曲面上，就可以修好这样的9条路。莫比乌斯环正是一种连接数是2的曲面。

什么是莫比乌斯环呢？

把一个长的纸条，如左图扭转180°，把两端粘在一起，就成了一个莫比乌斯环。

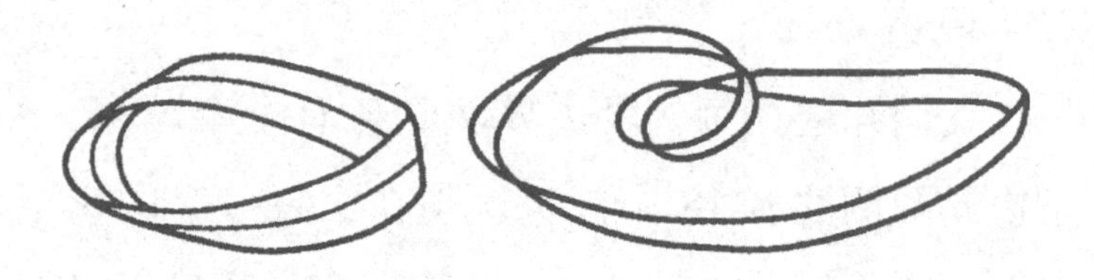

你把莫比乌斯环沿中线剪开。不要以为这样一剪，环就分成了两个。它仍旧是一个纸环，当然大了一倍，仔细检查一下，它扭了360°。

剪了一圈，它没有分成两片，可见它的连接数至少是2。

如果用刚才的办法，再沿中线剪一圈，纸环分成互不相连的两个环，虽然它们互相套着。这说明莫比乌斯环的连接数不是3，只可能是2。

现在我们就来看一看，怎样在连接数是2的莫比乌斯环上安排那9条路。

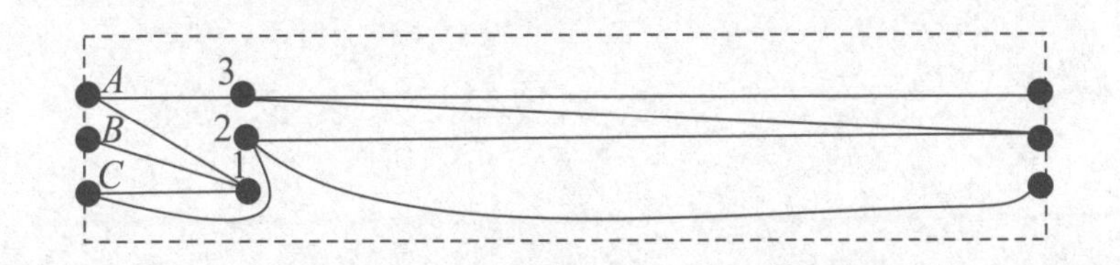

用一张透明的纸来做一个莫比乌斯环。在黏合以前，先按上图的办法画好。如果你用的纸不是透明的，那就要正反两面都画好，粘好之后，你就会得到一个修路的方案。

莫比乌斯环有许多有趣的性质。它没有正反两面，换句话说，你没有办法把它一面染成蓝的，一面染成红的。不信你就试试看。它没有上下两条边，换句话说，你没有办法把它的一条边染成红的，另一条边染成蓝的。不信你就试试看。

在莫比乌斯环上画地图，根据前面所说的原则染色，需要5种颜色。你不妨试试看。

还有一个有趣的问题，也是在平面上办不到，但在莫比乌斯环上可以办到。这个问题是：有个地区有5个村庄，在每两个村庄之间修一条公路，能不能使这些公路都不相交？

试验田里的数学

生产队引进了5个新的小麦品种。想知道哪个品种对本地最合适，这就要种试验田。

有人说，找5块田，分别种上5个不同的品种，到明年夏收算出亩产，就可以确定哪个品种最好了。

这个办法有很明显的缺点。因为5块田的各种条件不可能完全相同，亩产的高低，不能作为选择品种的可靠标准。

有人说，最好找一大块田，把它分成5小块，分别种上5个不同的品种，自然条件总可以一致了吧。

这个办法还是有缺点，比如说，灌渠的水是从东向西流的，东边与西边的条件就不一样。

数学家研究了这个问题，建议把一块地分成 $5\times5=25$ 小块，按照下图的办法，分别种上 A、B、C、D、E 5 种小麦。

A	B	C	D	E
E	A	B	C	D
D	E	A	B	C
C	D	E	A	B
B	C	D	E	A

北

这个图有一个巧妙的特点：在每一竖行中，A、B、C、D、E 各出现一次；在每一横行中，A、B、C、D、E 也是各出现一次。

如果这块地南边比北边肥一些，现在不论南边北边，5 个品种都有，还是可以从亩产比较它们的优劣。

这个巧妙的办法是怎样编排出来的呢？

为了方便，我们去掉方格，留下字母：

$$\begin{matrix} A & B & C & D & E \\ E & A & B & C & D \\ D & E & A & B & C \\ C & D & E & A & B \\ B & C & D & E & A \end{matrix}$$

这是一个用拉丁字母排成的方块，在数学里叫“拉丁方”。它有几个不同的字母，就有多少横行，多少竖行，每一横行和每一竖行中，每个字母恰好出现一次。这个拉丁方有 5 个不同的字母，是5 阶的。下面是一个4 阶拉丁方：

$$\begin{matrix} A & B & C & D \\ D & A & B & C \\ C & D & A & B \\ B & C & D & A \end{matrix}$$

我们用5 阶拉丁方作为例子，来说明拉丁方的编排法。

先从左到右写一排 A、B、C、D、E；然后依次错后一行，写上四行 A、B、C、D、E，成为一个平行四边形的样子；再把右边突出的一块三角形的部分剪下来，贴到左边空着的一块三角形上，这就成了前面的拉丁方。

用这个方法，可以编排出随便多少阶的拉丁方。

编排拉丁方，看起来简单，其实是一件很复杂的工作。许多数学家一直在寻找编排各种不同的拉丁方的方法。

也许你会问，有了一种拉丁方不就行了吗？为什么非要编出各种不同的拉丁方来呢？

要回答这个问题，我们得回到小麦试验田去。

种试验田要犁田、播种、施肥、中耕、收割，每件工作都不可能在25块田里同时进行。

就说播种吧，如果一天只能播完5小块田，那怎样安排才好呢？

如果第一天把品种A的5小块田播完，第二天

播品种 B 的5小块田，第三天播品种 C……直到第五天，才把5个品种都播完。5个品种的播种日期就有了先后，而这5天的天气如果各不相同，有的日子刮风，有的日子下雨，这就必然会影响试验。

针对这种情况，我们就需要编排出另一种拉丁方：

$$
\begin{matrix}
Aa & Bb & Cc & Dd & Ee \\
Ed & Ae & Ba & Cb & Dc \\
Db & Ec & Ad & Be & Ca \\
Ce & Da & Eb & Ac & Bd \\
Bc & Cd & De & Ea & Ab
\end{matrix}
$$

这里的A、B、C、D、E代表5个品种；a、b、c、d、e代表播种日期。仔细看这个表，你就会发现：

每一横行中，A、B、C、D、E各有一个，每一竖行也是这样。

5个有A的地方，a、b、c、d、e各有一个；B、C、D、E也是这样。

5个有a的地方，A、B、C、D、E各有一个；b、c、d、e也是这样。

按这个表来安排播种，就可以解决前面提出的问题。

这个复杂的拉丁方，实际上是重叠起来的两个拉丁方。如果能搭配得这样巧，我们就说这两个拉丁方是正交的。一次实验，常常需要许多个拉丁方，而且要求其中的每两个都是正交的。因此，寻找更多互相正交的拉丁方，就成了很有实际意义的数学问题。

研究这种问题的数学，叫做实验设计。

如果找不到大块田

农业科学家告诉我们，试验田得有一定的大小，太小了会影响试验的结果。如果试验的品种比较多，又找不到大块地来划分成许多小块，这该怎么办呢?

假定要比较 7 个小麦品种：A、B、C、D、E、F、G。我们找到了 7 块地，每一块地只能划分成 3 块试验田。在这种情况下，我们就不可能在每一块地里把 7 种小麦都种上了。但是最低的要求，是让任何两种小麦都能够在同一块地里进行比较，这样才能保证试验结果的准确性。

1	2	3	4	5	6	7
A	A	A	B	B	C	C
B	D	F	D	E	D	E
C	E	G	F	G	G	F

上面这个表，1、2、3、4、5、6、7 表示 7 块地。1 下面写着 A、B、C 3 个字母，表示在这第一块地的 3 块试验田里，分别种上 A、B、C 3 种小麦。

仔细看这个表，你会发现：每一种小麦，都种在 3 块地里。比如 A 种在 1、2、3 三块地里；D 种在 2、4、6 三块地里。

每两种小麦，都会在某一块地里同时出现。比如 A 和 B，同时出现在 1 这块地里；E 和 F，同时出现在 7 这块地里。

这样安排，满足了前面所

说的最低要求。

这样的一张表，在数学中叫做区组设计，是实验设计的一部分。

上面这个区组设计规模不太大，它的要求是：在7个区组安排7个字母，每个字母重复3次，每两个字母相遇一次。用“试探法”就可以把这个拉丁方编排出来：

首先，把每一块地分为3小块，共有$7\times3=21$块试验田。小麦品种是7种，每一种可以种在$21\div7=3$块试验田里。这就是说，在编排出来的拉丁方里，A、B、C、D、E、F、G 7个字母各有3个。

其次，每一个品种应和其余6个品种比较。以A为例，有3块地可以种A，这3块地的每一块又分成3块试验田，因此每块地还可以种另外两个品种和A作比较。应该和A比较的品种是B、C、D、E、F、G共6种，恰好在每一块地里种两个品种。

第三，A随便安排在哪三块地里都可以，这里把它安排在1、2、3三块地里。然后把其余6个品种分成3组，每组两个，分别安排在这三块地里。比如：

1	2	3	4	5	6	7
A	A	A				
B	D	F				
C	E	G				

第四，再考虑其他四块田怎么办。A 已经有了3个，不能再有 A 了。B 才有一个，还应该有两个，就可以把它安排在4和5两块地里。C 也差两个，但是在1中，C 和 B 已经同时出现了，不能再同时出现在4和5中，所以应该把 C 安排在6和7两块地里。

1	2	3	4	5	6	7
A	A	A	B	B	C	C
B	D	F				
C	E	G				

第五，B、C 也都出现了3次，D 怎么办呢？还差两个 D，一个可以安排在4中，让它和 B 比较；另一个可以安排在6中，让它和 C 比较。

1	2	3	4	5	6	7
A	*A*	*A*	*B*	*B*	*C*	*C*
B	*D*	*F*	*D*		*D*	
C	*E*	*G*				

第六，再来安排两个 *E*。*D* 与 *E* 已经同时出现在 2 中，它们不能再放在一起了，所以 *E* 只能安排在 5 和 7 两块地里。

1	2	3	4	5	6	7
A	*A*	*A*	*B*	*B*	*C*	*C*
B	*D*	*F*	*D*	*E*	*D*	*E*
C	*E*	*G*				

第七，还有两个 *F*，一个安排在 4 中让它和 *B*、*D* 比较；另一个就不应该安排在有 *B* 和有 *D* 的地里，只能安排在 7 中。

1	2	3	4	5	6	7
A	*A*	*A*	*B*	*B*	*C*	*C*
B	*D*	*F*	*D*	*E*	*D*	*E*
C	*E*	*G*	*F*			*F*

第八，剩下的两个位置，正好写上两个 G。

最后仔细检查一遍，种种条件都照顾到了，得到前面写过的那个区组设计。

这种试探法看起来像拼凑，似乎不能称作数学。其实不然。在近代数学中，试探法是一种寻求解答的重要方法。

再走一步——回到了几何学中

如果有 9 块地，每一块可以分成 3 块试验田，要比较 9 个品种，按上一节的办法，怎么来作一个区组设计?

先分析一下，9 块地分成 $3\times9=27$ 块试验田，每一个品种种 3 块试验田，只能和 6 个品种作比较。现在有 9 个品种，每一个品种要和 8 个品种比较，这是一个矛盾。怎么办呢? 只好放低要求，允许有的品种不必在同一块地里作直接比较。当然有一条要求是不能动摇的，每两个品种在同一块地里出现的次数，至多只能一次。代表 9 个品种的 9 个字母是 A、B、C、D、E、F、G、H、I。和上一节一样，先写出：

1	2	3	4	5	6	7	8	9
A	A	A	B	B	C	C		
B	D	F						
C	E	G						

注意，H、I 还一个也没有写上，8 和 9 两块地还空着。不妨试一试，在 8 中写一个 H，9 中写一个 I：

1	2	3	4	5	6	7	8	9
A	A	A	B	B	C	C	H	I
B	D	F						
C	E	G						

到这里为止，A、B、C 都已出现了 3 次；D、E、F、G、H、I 各出现一次，还差两次；而 4 到 9 这 6 块地里还各有两个空位。

D、E、F、G 该写在哪里，还不清楚。可是 H 只能写在 4、5、6、7、9 中，I 只能写在 4、5、6、7、8 中，所以可以写出：

1	2	3	4	5	6	7	8	9
A	*A*	*A*	*B*	*B*	*C*	*C*	*H*	*I*
B	*D*	*F*						
C	*E*	*G*	*H*	*I*	*H*	*I*		

这样一步一步地试探下去，可以得到几种不同的解答，其中的一种请看下表：

1	2	3	4	5	6	7	8	9
A	*A*	*A*	*B*	*B*	*C*	*C*	*H*	*I*
B	*D*	*F*	*D*	*G*	*F*	*E*	*E*	*D*
C	*E*	*G*	*H*	*I*	*H*	*I*	*G*	*F*

这就解决了 9 个品种小麦试验田的设计问题。

解决这个问题的思路和方法，可以用来解决有趣的九树十行问题：

把 9 棵树种在花园里，使它们排成 10 行，每一行上有 3 棵树，应该怎样种？

我们先研究一下容易一些的九树九行问题。

9 棵树排成 9 行，每行 3 棵树，看来矛盾，其实不然，因为每一棵树都可以是某几行的交点。比如说，9 棵树种成一个“田”字形，就可以排成 8 行：

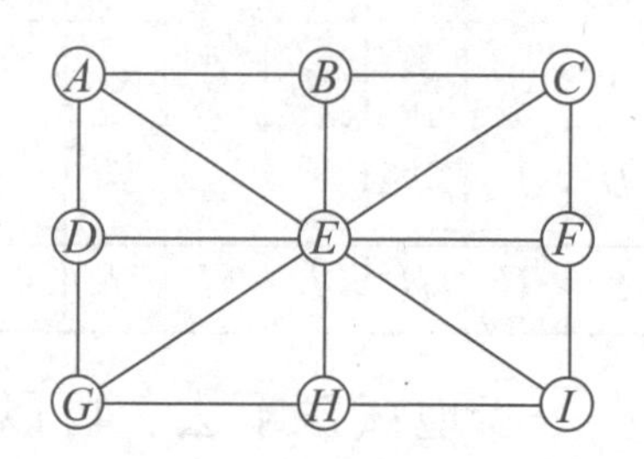

图上的 B、D、F、H 是两行的交点，A、C、G、I 是 3 行的交点，E 是 4 行的交点。

为了增加一行，我们可以利用前面的表。在这个表里，每一竖行中的 3 个字母，表示这 3 棵树应该出现在同一行中。

随便在地面上选两个地方种上 H 和 I，从 H 画出 3 条线，分别注上 4、6、8；从 I 画出 3 条线，

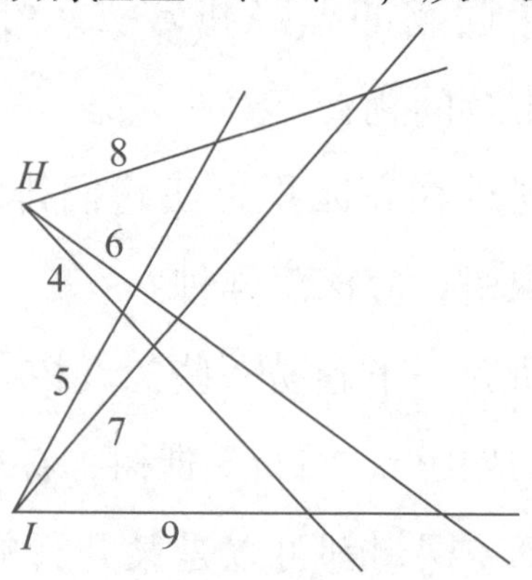

分别注上 5、7、9，表示它们相当于表上的哪一竖行。

从表上可以看出，*B* 应该在 4 和 5 两条直线上，也就是说，4 和 5 相交的地方应该是 *B*。同样，6 和 7 相交的地方应该是 *C*。这样就不难把 *B*、*C*、*D*、*E*、*F*、*G* 的位置都找到了。

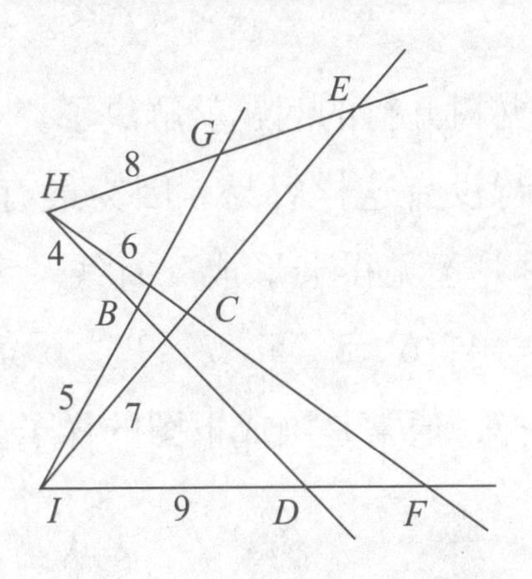

剩下了 *A* 点，它应该放在哪里呢？从表上看，*A*、*D*、*E* 应形成一条直线，*A*、*F*、*G* 也应形成一条直线。换句话说，*A* 应该在连接 *GF* 和 *DE* 的两条直线相交的地方。

从表上看，*A*、*C*、*B* 也应在一条直线上。你拿尺在图上一比，巧极了，它们恰好在一直线上。

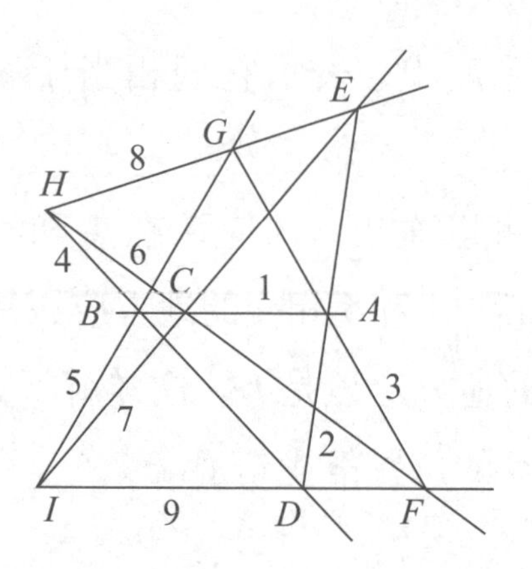

这样一来，九树九行的问题就解决了。

九树十行没有这样容易，因为最有希望的 G、C、D 3 棵树并不见得会形成一直线。为了使它们能成一直线，4、6、8、5、7、9 这 6 条直线的方向要有所选择，通常是画成下图的样子。

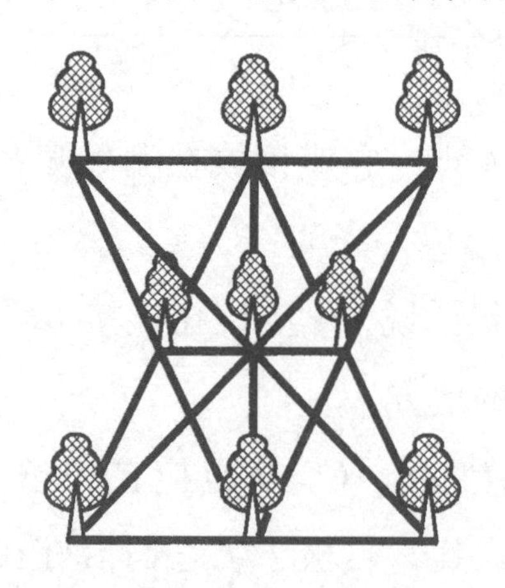

我们看到，不管 H、I 放在什么位置，4、6、8、5、7、9 的方向怎样选择，第 9 行 A、C、B 都是自然出现的，而第 10 行却不是自然出现的。第 9 行的这种自然出现的规律叫做布朗香定理。

这个定理属于射影几何的范围。在射影几何中，不研究图形的长度、角度、面积等性质，专门研究直线通过哪些点、几条直线会不会相交于一点等诸如此类的问题。

如果你把类似上面的图形画在一块玻璃板上，用普通电灯把它的影子照在桌面上，当你改变玻璃板的高度和角度，桌面上的图形的大小、各线段之间的比例关系、各直线之间的角度，都会发生变化。但是，在图形中哪些线通过哪些点，哪些线相交于哪些点，却是不会改变的。射影几何研究的，就是图形的那些通过射影保持不变的性质。

射影几何是数学的一个古老的分支。因为它和实验设计有深刻的联系，现在又焕发了新的青春，并且产生出了一个新的数学分支——有限几何学。

图 的 世 界

书上的插图很重要，能引起我们看书的兴趣，又能帮助我们领会和思考问题。

比如说，校园里有一些树。有一棵最高的杨树，它的北面 3 米有 5 棵排成一排的榆树；榆树的北边 3 米是 1 棵槐树；槐树的西边 5 米是 1 棵大柳树；柳树北边 3 米有 20 棵排成一排的松树，最东边的 1 棵是今年刚栽的；这棵树的南边 8 米是 1 棵枣树；从这棵枣树向东 2 米，再向北 2 米是 1 棵榆树。问校园里共有多少树？

像这样一个问题，你如果不画一个图，很容易搞乱；画了图之后，却是一个很容易的问题。

图不但可以画出各种位置之间的关系，而且可以表示各种概念之间的关系。

右边图上用箭头表示出许多关系。比如正方形是一种特殊的长方形，长方形是一种特殊的圆内接四边形。你还可以试试，看怎样把梯形、等腰梯形也加到这个

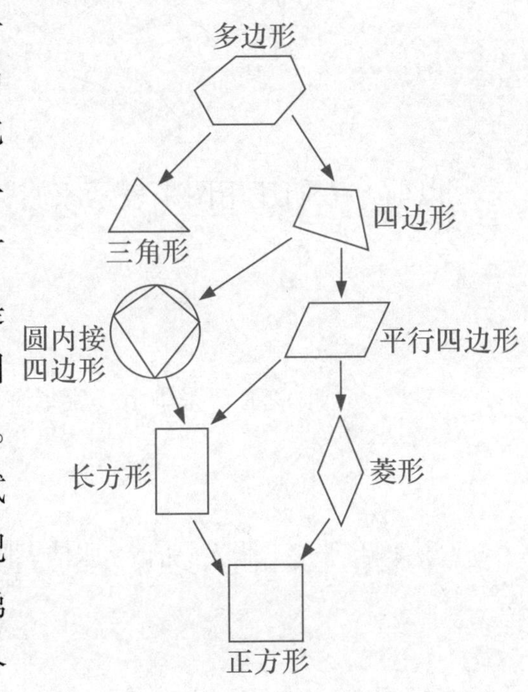

图中去。

用图也可以表示出一些整数之间谁能除尽谁的关系（见下图）。

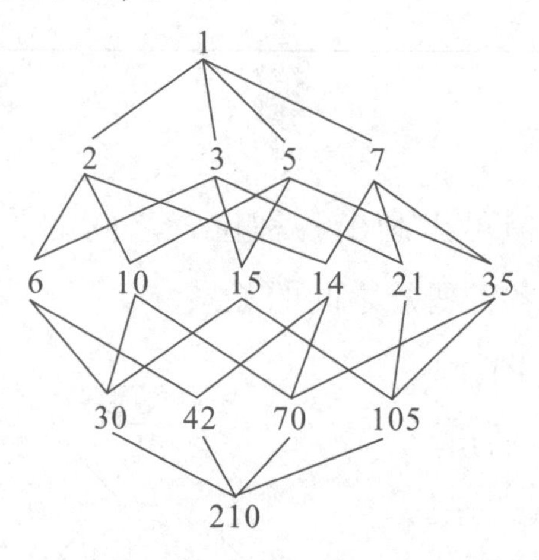

以前，人们还用图来表示家族关系。

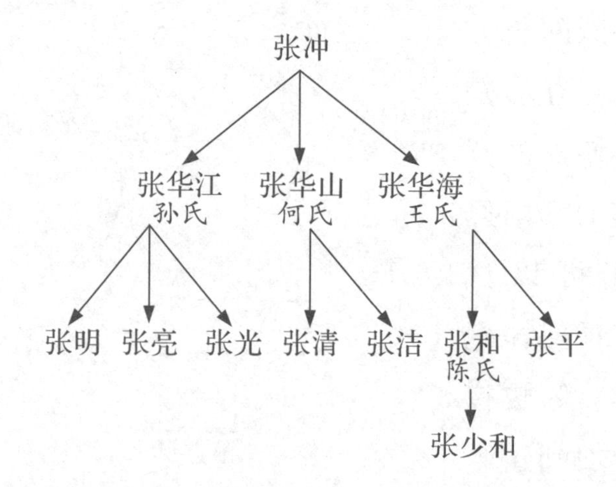

这种图现在用在生物学中了。

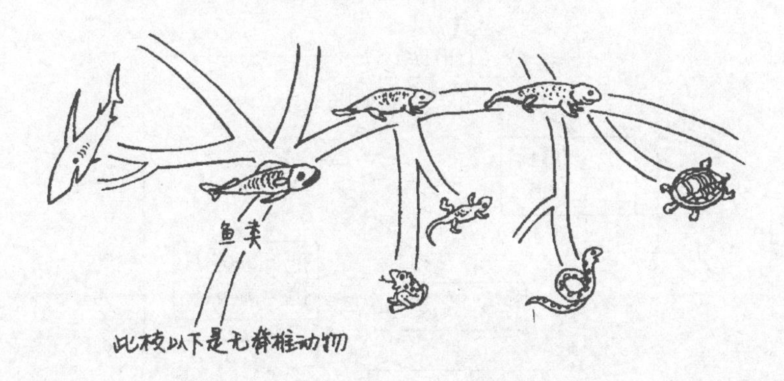

化学变化也可以用图。

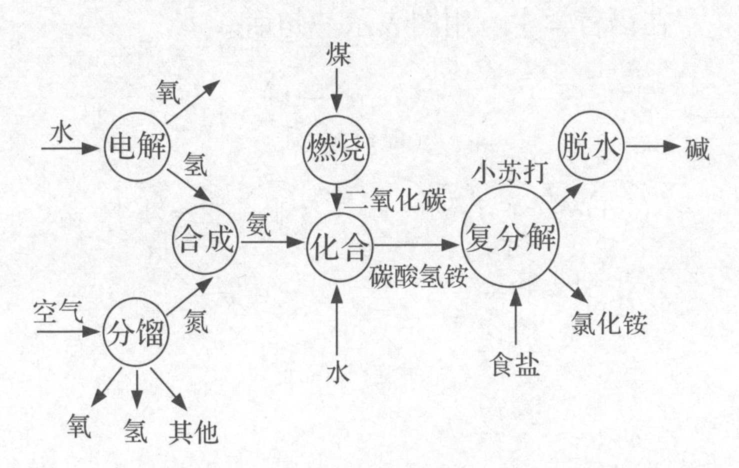

在计算机科学中，计算方案也用流程图表示（开始时，x 是一个正整数，y 是0）。

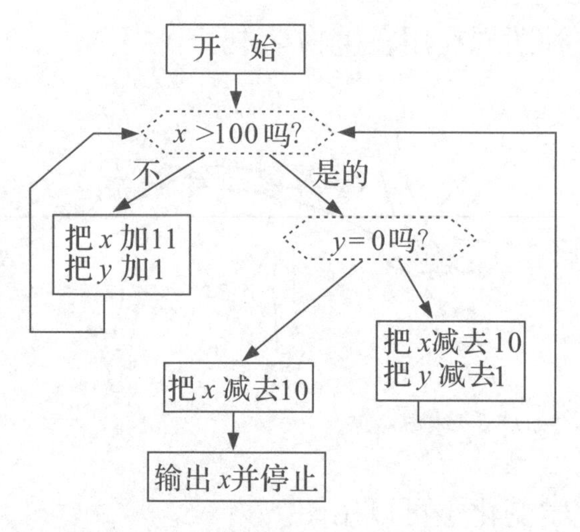

在语言学中，用图表示一句话。

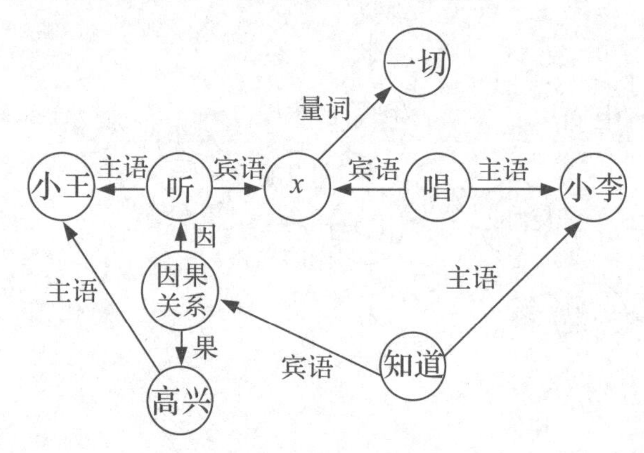

这句话的意思是：小李知道，只要是他唱的，小王一定爱听。

总之，画图是一种可以帮助我们弄清关系和

解决问题的方法。现代的科学技术经常要用图，简直是个图的世界。

图画得多了，人们发现，有许多不同的问题，画出图来却变成了同一类问题。因而人们干脆研究图上的这一类问题，把它研究清楚了，就解决了各种不同的问题。

于是，数学又产生了一个分支，叫做图论，专门研究关于图的各种问题。图论里说的图，是把一些点用箭头连接在一起的图形。

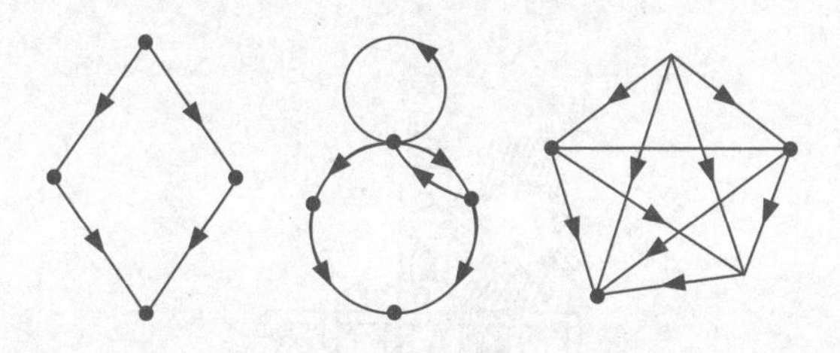

在这种图上，每一个点表示什么，可以有各种各样的解释。前面画的那些图，有的图上每个点代表一个数，有的图上每个点代表一个概念，有的图上每个点代表一个人、一件事物或者一种工作。

图上的每一条线代表什么，也可以有各种各

样的解释。

但是在图论里，点就是点，线就是线，不作任何解释。在这样的图上，如果发现了什么规律性的东西，那么不管你怎样解释这张图，这个规律总是起作用的。

规律是一般性的，和怎样解释没有关系。不受解释的影响，这是数学的一个鲜明特点。

最短路程问题

你初到北京，想从中山公园去天文馆，打开交通路线图，很快就可以找到怎么走最好。如果没有交通图，只有一张各路公共汽车经过的站名一览表，你就会感到困难得多。

学会在一张复杂的图上找出最好的一条路，往往可以帮我们解决许多别的问题。比如，一个人带了一只狼、一只羊和一筐白菜，要过一条河。可是船太小，一次只能带一样东西过河。如果他不在，狼要吃羊，羊要吃白菜。问他应该怎样摆渡？

这个问题，就可以转化为在图上找出一条道路的问题。

为了简便起见，我们用 R、L、Y 和 B 表示人、狼、羊和白菜。R、L、Y、B 最初都在河的这边，用 $RLYB$ 表示。如果人把羊带到对岸，留在河这边的狼和白菜用 LB 表示，并且把 $RLYB$ 画一个箭头

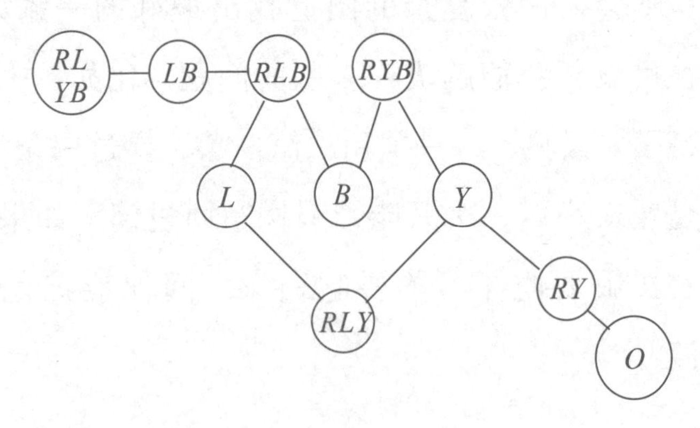

指向 LB。O 表示河这岸什么也没有了。

连线不带箭头，表示可以演变过去，也可以演变回来，叫无向图。从这个图上可以看出两种解决方案：

$RLYB \to LB \to RLB \to B \to RYB \to Y \to RY \to O$；

$RLYB \to LB \to RLB \to L \to RLY \to Y \to RY \to O$。

用话来说，前一个方案是：

1. 把羊带到对岸（这岸剩下 LB）；
2. 人回到这边（这岸变成 RLB）；
3. 把狼带到对岸（这岸剩下 B）；
4. 把羊带回来（这岸变成 RYB）；
5. 把白菜带到对岸（这岸剩下 Y）；
6. 人回到这岸（这岸变成 RY）；
7. 把羊带到对岸（这岸成为 O）。

许多智力测验都是这种类型的问题。其中最有趣的问题之一是这样的（见下页图）：

A、B、C、D、E、F、G、H、I、J 是 10 块木块，它们的各边长是 1 厘米或者 2 厘米，放在一个 4 厘米宽、5 厘米长的木盒内。木盒边上有 2 厘米

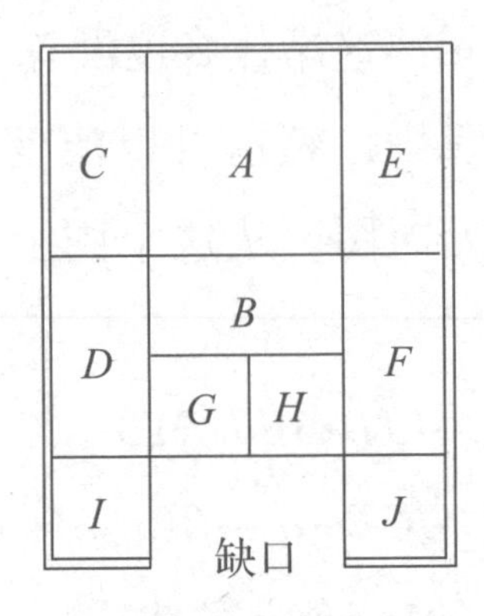

宽的一个缺口。只许木块在盒内移动，不许把它们拿出来，最后要让 A 从缺口的地方移出来。

解决这个问题，一般人需要几个小时。它也可以转化成一个在图上找道路的问题。这个图很大，用电子计算机可以很快解决这个问题。

如果把图的每一个箭头都注上一个数，表示距离或者花费的时间或者需要的车费，那么，我们还可以求最短的或者最节约时间的或者最省车费的路线。下面是一个山区地图，从 A 到 B，每一段路需要用的时间都注明了。问怎么走最快？（见下页图）

解决这种问题有许多办法。有一个很好的方法是：

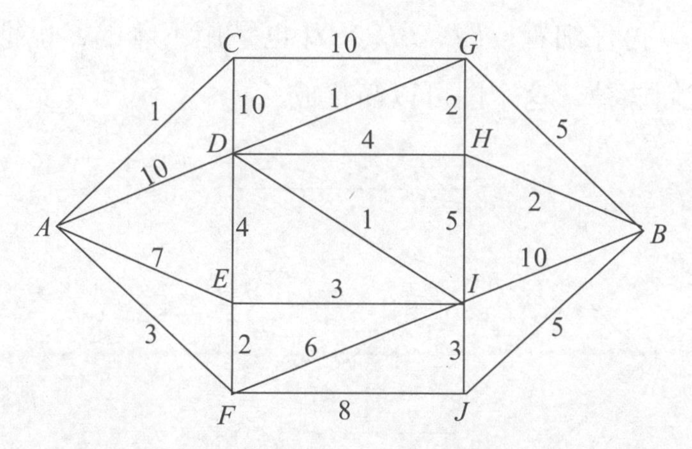

图上从 A 直接到 E 的一段路要走 7 小时，但是从 A 到 F、再到 E，只用 $3+2=5$ 小时就够了。因此，我们可以断定，最快的走法一定不走 AE 这段路。同样，FI、IB、GB、HI、DH 都是用不着的。我们把它们从图上擦掉：

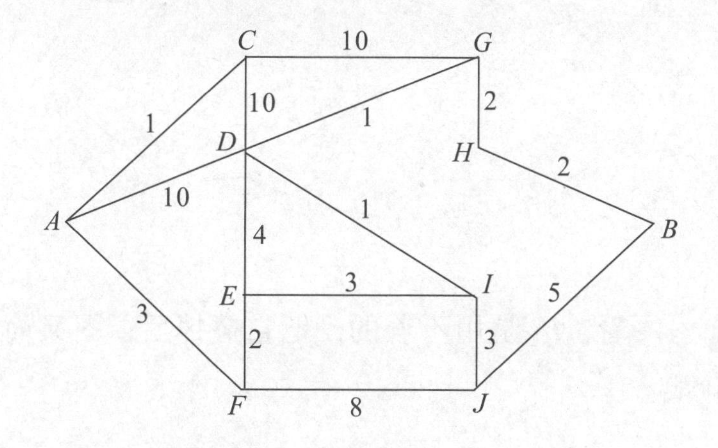

再仔细看，*FJ*、*ED*、*AD* 也是用不着的，也把它们擦掉，这个图可以简化成：

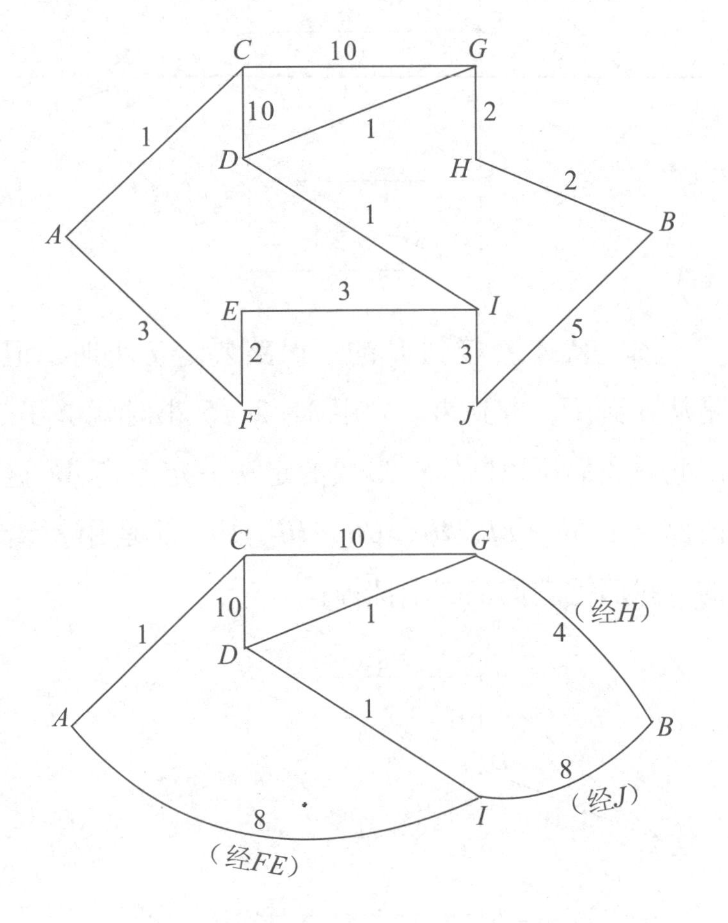

一看，*IB* 是用不着的，把它擦掉后，图又简化成：

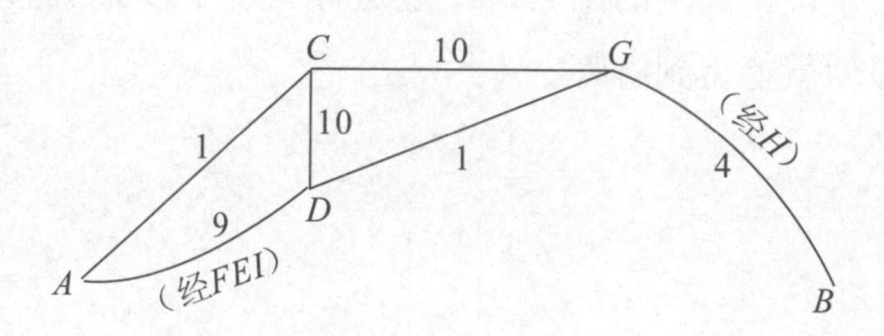

再一看，*CD* 是用不着的，把它擦掉后，图再可以简化成：

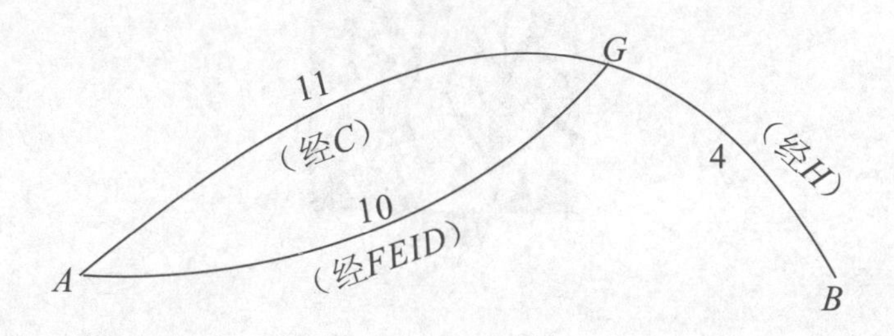

最后擦掉 *A* 经 *C* 到 *G* 的路，就得到：

A－F－E－I－D－G－H－B。

这条路，总共用 14 小时就可以到达。

请你在开始的图上把这条路标记出来。走这条迂回曲折的道路，用的时间最少。

许多图上的问题，经过这样一步一步地调整，最后就能得到解答。

最大流问题

图论的另一个有趣的问题，是最大流问题。

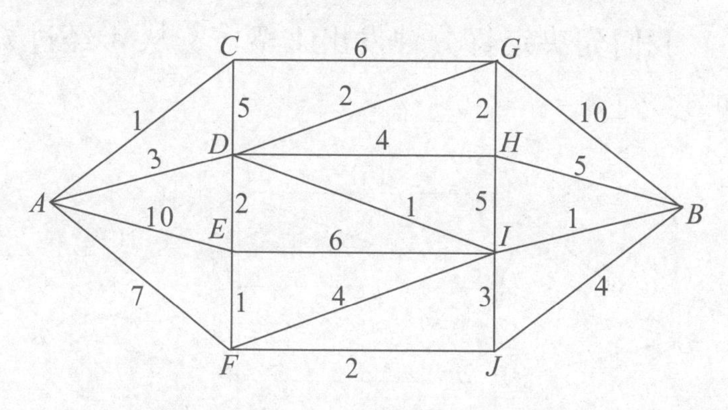

这个图上的数字，代表各条公路上每分钟可以通过的卡车数。问从 A 发车到 B，每分钟最多可以发多少辆卡车？

从 A 出发的分路有 4 条，如果都充分利用，每分钟可以发出 1 +3 +10 +7 =21 辆卡车。但是到达 B 的 4 条路，每分钟只可以通过 10 +5 +1 +4 =20 辆卡车。因此不可能充分利用从 A 出发的 4 条公路的通车量。

那么，从 A 每分钟发出 20 辆卡车，是不是一定能通过呢？也不一定。如果中间有哪一段路比较差，就通过不了。

图论给我们提供一个办法：从左向右，逐渐增加。

我们先决定每分钟发出 1 辆车，从 A 经过 C 和 G，到 B。

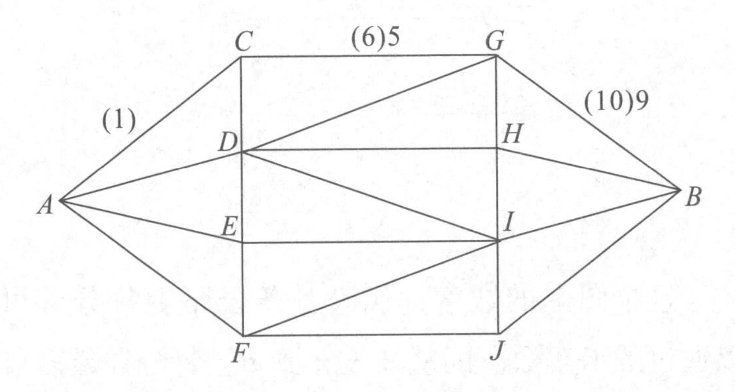

那么从 C 到 G 的路上，每分钟还可以增加 5 辆车；从 G 到 B 的路上，每分钟还可以增加 9 辆车。

现在，我们每分钟再发3辆车，从A经过D、C、G，到B（见下图）。

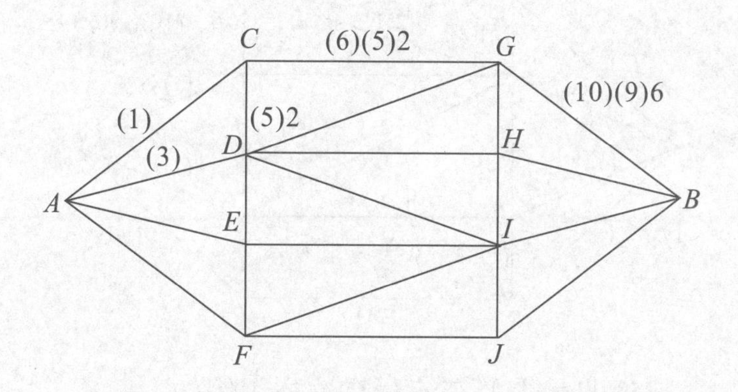

这样，从C到G的路还有空。我们每分钟让两辆车从A经E、D、C、G到达B点（见下图）。

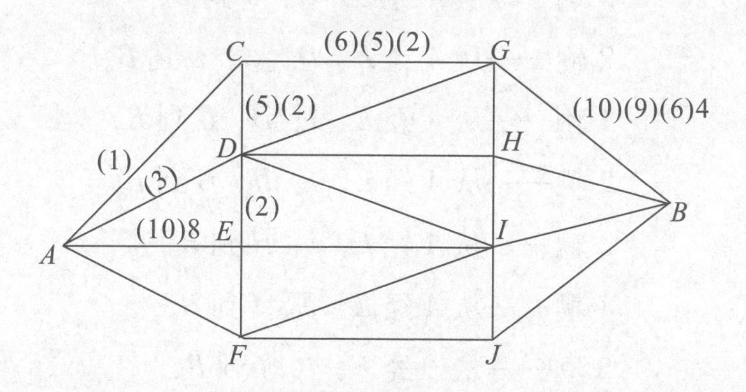

现在，从G到B的路还有空。我们每分钟让一辆卡车经E、I、D、G到达B点。

继续往下做，就可以得到下图。

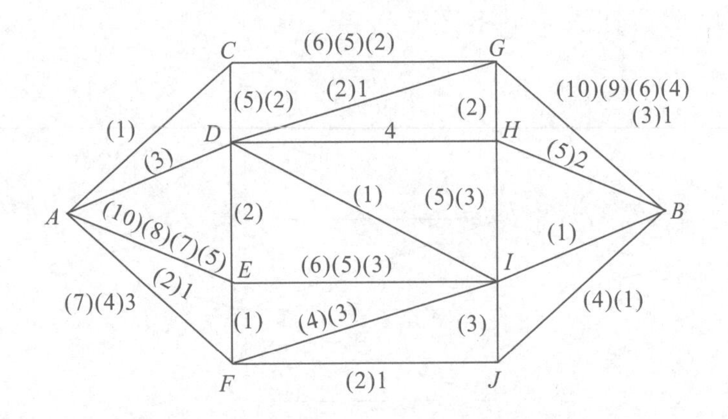

这说明最大的车流量是这样组织的：

1 辆——从 A 经 C、G 到 B，

3 辆——从 A 经 D、C、G 到 B，

2 辆——从 A 经 E、D、C、G 到 B，

1 辆——从 A 经 E、I、D、G 到 B，

2 辆——从 A 经 E、I、H、G 到 B，

3 辆——从 A 经 E、I、H 到 B，

1 辆——从 A 经 E、F、I 到 B，

3 辆——从 A 经 F、I、J 到 B，

1 辆——从 A 经 F、J 到 B。

合计每分钟从 A 发出 17 辆车。

如果线路上有立体交叉，就得用另外的方法。

如果道路网设计得不好，各段不能互相配合，就需要编排车辆最大流量的调度方案。

在建设工地上，在受到战争破坏的地区，做出这样的车辆调度方案更是必需的。

最大流的问题不一定是运输问题。

比如，一个小组有 5 个同学 A、B、C、D、E，需要完成 5 件工作 a、b、c、d、e。但是这 5 个同学，每人只会做 5 种工作中的两种；每种工作，又只有两个人会做。应该怎样安排才妥当呢？

我们就可以把这个问题转化成最大流问题，画出图来研究。图上的直线表示谁会做哪种工作。

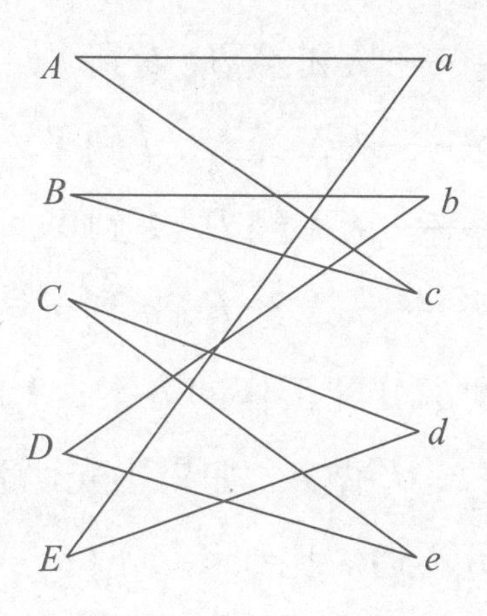

我们把这个图扩充为：

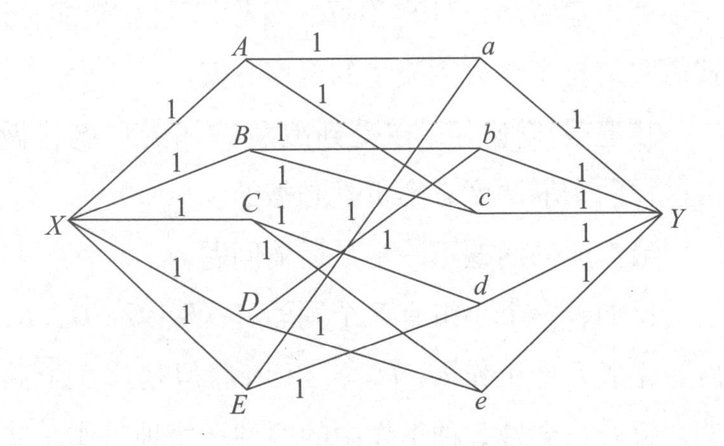

图上 X 表示工作安排，相当于发车点；Y 表示工作结果，相当于车的到达点。然后求出最大流。

1 辆——从 X 经 A、c 到 Y，

1 辆——从 X 经 B、b 到 Y，

1 辆——从 X 经 C、d 到 Y，

1 辆——从 X 经 D、e 到 Y，

1 辆——从 X 经 E、a 到 Y。

这就找到了分配工作的方案：A 做 c，B 做 b，C 做 d，D 做 e，E 做 a。如果不先研究好，随意分配，就可能行不通。比如让 A 做 a，C 做 d，那么

E就无工作可做了。

图论的实用价值很大，又包含许多极有趣的问题，所以研究的人不少。

请你当车间主任

管理现代化的工厂、农场、商店、车站、港口等，都要有科学的方法。科学的管理方法要用到一种与图论相邻的数学理论，叫做运筹学。

充分运用已有的条件，尽量把事情办得好一些，这就是运筹学的基本目的。

在数学的花园里，运筹学是一座非常庞大的建筑，里面摆满了五花八门的问题。如果你想把每个问题都看上一眼，那得花费不少的时间，所以我只请你去参观一个角落，使你有个大概印象，知道运筹学研究的是什么样的问题，用的是什么样的方法。

我们来到一个角落，这里布置得像一个小小的车间，入口的地方写着“请你来当车间主任”。好，从现在起，你就是这个小小车间的主任了。你不用怕，我做你的顾问。

厂长下达了一份任务书，要你尽快完成5个特殊零件的加工。车间里只有一台车床、一台铣床；5个零件都需要先用车床加工，再用铣床加工。加工一个零件要用多少时间呢？一句话说不清楚，列一个表就一目了然了。

工时表　　单位：小时

零件 机床	A	B	C	D	E
车床	8	9	4	6	3
铣床	5	2	10	8	5

厂长要你尽快汇报一下，你打算多长时间完成这个任务。

你想，开始的 8 小时，让车床加工 A，然后把 A 送到铣床去加工，车床就可以去加工 B 了；再过 9 小时，B 在车床上加工完毕，铣床已经空了，就可以把 B 送到铣床去加工，车床开始加工 C。这时候，已经过了 17 小时，再过 4 小时，C 在车床上加工完毕，又可以马上送到铣床去加工。C 在铣床上要花 10 小时，在这 10 小时内，车床把 D 和 E 都加工完后，还得等 1 小时，才能把 D 和 E 挨次让铣床加工，要再过 13 小时，5 个零件的加工任务才能全部完成。那么，总共要多少小时呢？

你也许已经乱了套了。不要紧，我们来画一个时间图。

先画一条线，在这条线上画上许多等距离的小格，每一格代表 1 小时。在这条线的上边画一条平行线表示车床的工作，车床前 8 小时加工的是 A，我们就把这一段时间涂得粗些，写上 A，往下把 B、C、D、E 都按这个办法写好。

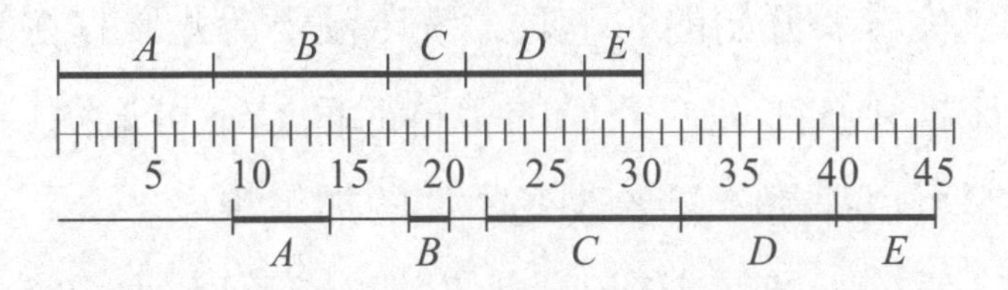

下边也画一条平行线表示铣床的工作。前8小时，铣床没活儿干；接下去的5小时，加工A；把A加工完以后，要等4小时，等车床把B加工完。铣床把B加工完后，又得等上2小时才能开始工作。这一切，在时间图上都清清楚楚地表示出来了。

从这个图上一下子就看出来，总共需要的时间是44小时。

你拿起电话给厂长汇报。厂长听了不满意，他说不能花这么多时间，要你挖掘潜力，把时间缩短10小时。不容你分说，厂长已经把电话挂断了。

厂长的话是有道理的，这里大有潜力可挖。潜力在哪里呢？就是尽量减少铣床等待车床的时间。

你看，开始的8小时，铣床没干活儿，它在等车床把A加工完。开始的等待时间是不可避免的，但是可以缩短，只要改变零件的加工顺序。

零件E在车床上只要3小时就可以加工完，所以我们应该先加工它。这样，铣床只要先等待3小时，就可以开始工作。

那我们就来试一试，按照相反的顺序进行加工，就是先加工E，然后是D、C、B、A，看看时间会不会缩短。

请你按这个方案画一个时间图。你看，一下子就把整个加工过程缩短到35小时，比前一个方案缩短了9小时，离厂长的要求还差1小时。这1小时能不能再省去呢？从图上看，铣床在加工中途还有等待的时间，应该从这里打主意。这样调整来调整去，最后可以得到一个十分紧凑的时间图：

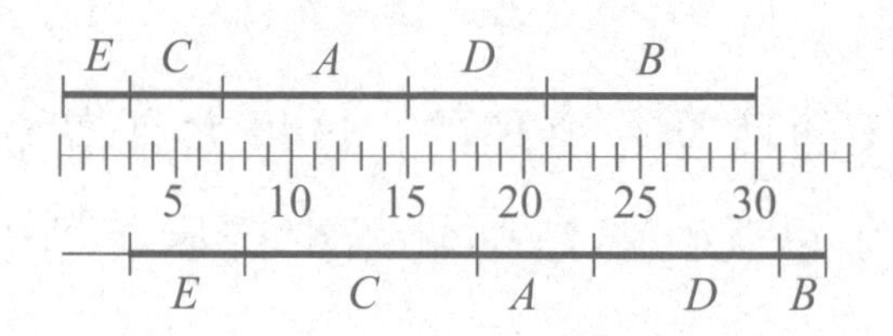

33 小时完成任务，比厂长提的要求还缩短了 1 小时。你可以给厂长打电话汇报了。

秘诀在哪里

你可能很高兴，因为当了一次称职的车间主任。不过，这次成功有碰巧的成分。要是厂长又给你一项任务，还是加工5个零件，还是先用车床再用铣床加工，唯一不同的是表上最后的一个数，刚才是5，现在是1。

工时表　　　单位：小时

零件 机床	A	B	C	D	E
车床	8	9	4	6	3
铣床	5	2	10	8	1

你要是仍旧安排先加工 E，至少 32 小时干完。从时间图上可以清楚地看到，在铣床加工完 E 的时候，不论车床在加工哪个零件，铣床总得等着。

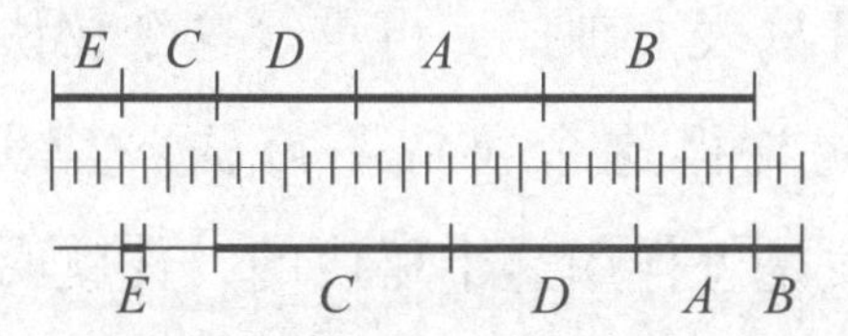

为了让铣床少等一会儿，车床最好是先加工 C。以后的情况和上次差不多，时间图如下：

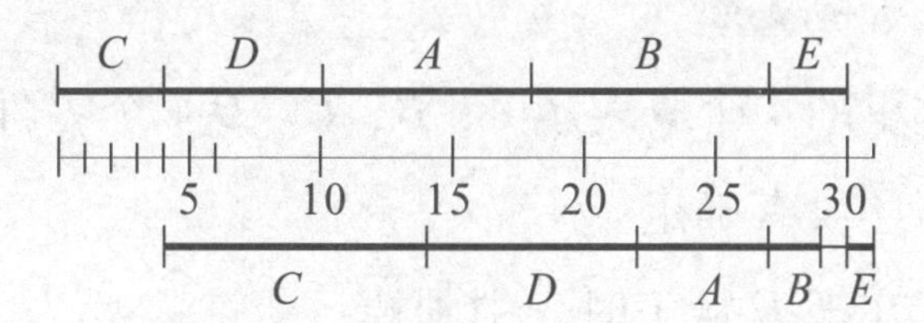

这样安排，车床仍旧工作 30 小时，铣床在加工过程中只等待 1 小时，全部 31 小时就完工了。这个方案没有改进的余地了。

你一定会感到奇怪，为什么要把 C 放在最前面？秘诀在哪里呢？

我告诉你这个秘诀吧！

先把工时表里最小的一个数找出来。如果这

个数是某个零件在车床上加工的时间，就把这个零件放在最前面；如果这个数是某个零件在铣床上加工的时间，就把这个零件放在最后面。然后，把这个零件从表上画掉。再重复这个秘诀。

你可能觉得这个秘诀不好懂。其实并不难。只要看看我是怎样用这个秘诀的，你就明白了。

上面的工时表中最小的数是1。这个数是E在铣床上的加工时间，所以E应放在最后：

★★★★E。

这里的4个★表示A、B、C、D 4个零件，但是次序还没有确定。

现在把E从工时表中画掉：

工时表　　　　单位：小时

零件 机床	A	B	C	D
车床	8	9	4	6
铣床	5	2	10	8

表中最小的数是2。这是零件B在铣床上加工

需要的时间，所以 A、B、C、D 这 4 个零件中，B 应放在最后。这样，最好的安排是：

★★★BE。

其中的 3 个点是 A、C、D 3 个零件，它们的次序还没有确定。

现在又把 B 从表中画掉：

工时表　　　单位：小时

零件 / 机床	A	C	D
车床	8	4	6
铣床	5	10	8

表中最小的数是4，这是 C 在车床上加工需要的时间，所以 A、C、D 这 3 个零件中，C 应放在最前。这样又安排成：

C★★BE。

其中的两点表示 A、D 的顺序还没确定。

再把 C 从工时表中画掉，剩下 A 和 D：

工时表　　　单位：小时

零件 / 机床	A	D
车床	8	6
铣床	5	8

再一次利用秘诀，就可以知道 A 应放在后面，D 应放在前面。这样，最好的安排就应该是：

$C\ D\ A\ B\ E$。

如果你问我，这个秘诀是怎么找出来的？这可不是三言两语说得清的，只好讲个大概。

你原来想先加工 E，主要是为了使铣床开始等待的时间少一些，因为车床加工 E 只用 3 小时就够了。

但是，只这样考虑不够全面，因为铣床用 1 小时就能把 E 加工好，结果呢？为了等待车床把 C 加工好，铣床又有 3 个小时没活儿干。

可见考虑加工顺序的时候，不但要注意每个零件在车床上加工需要多少时间，而且还要注意每个零件在铣床上加工需要多少时间。哪个零件在车床上加工需要的时间最少，就应该尽量先加工它；哪个零件在铣床上加工需要的时间最少，就应该尽量后加工它。

问题是这两个要求如果发生了矛盾，应该怎么办呢？比如说，按前一个要求，E 应该最先加工，而按后一个要求，E 却应该最后加工，到底怎样做才好呢？这就要进行详细的数学计算了。

从最简单的情况起步走

安排工作顺序是很复杂的问题，数学家为我们找到了一个简单的秘诀。

这个秘诀是怎样找到的呢？让我带你追踪数学家的脚印，多走几步，看看他们开头是怎么走的。

数学家有一个习惯，他们在处理一个复杂问题的时候，常常从最简单的情况起步走。

登山运动员攀登最高峰，总是先在附近比较低的山上作多次试登，这样做既可以体验这一带的地形、气候方面的特点，又可以站在小山顶上观察情况，选择登高峰的路线。

数学家在这方面很像登山运动员，他们从最简单的情况起步走，在解决简单的问题的时候，往往会找到解决复杂问题的钥匙。

上一节讲的安排零件的加工顺序，是一个比较复杂的问题。如果要加工的零件少一些，问题就简单一些。

最简单的，当然是加工一个零件，那就无所谓安排了。

稍微复杂一点儿是加工两个零件 A 和 B。安排的可能只有两种：或者先加工 A，再加工 B；或者反过来，先加工 B，再加工 A。为了简明，我们用 AB 表示前一种安排，用 BA 表示后一种安排。

AB 和 BA，哪一种安排好呢？当然要看这两个零件用车床、铣床加工各需要多少时间。如果工时表是这样的：

	A	B
车床	2	3
铣床	4	3

那 AB 和 BA 的时间图是：

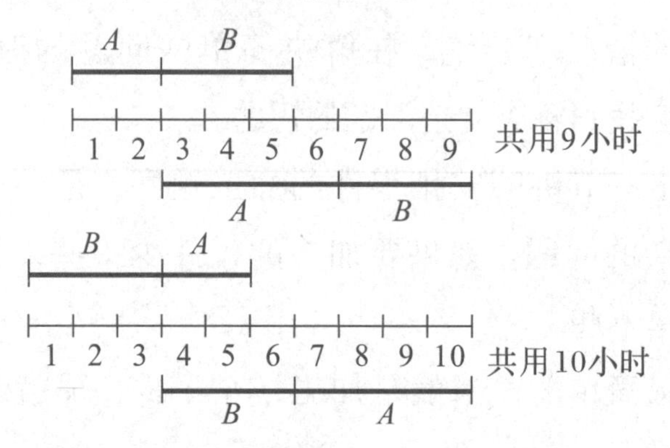

可见 AB 比 BA 要好一些。

如果工时表是这样的：

	A	B
车床	3	4
铣床	2	3

那时间图就成了：

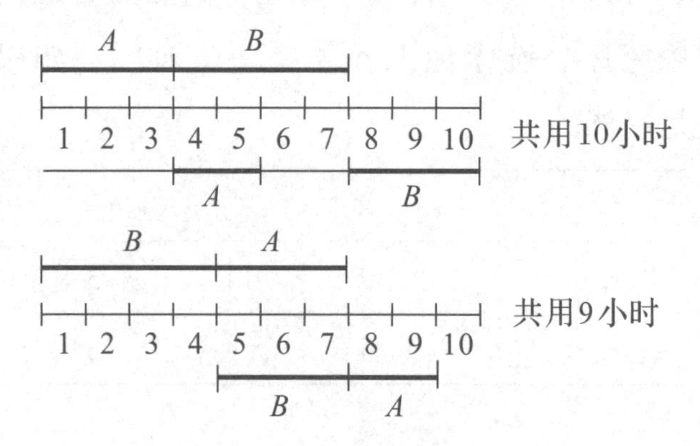

可见 BA 比 AB 好。

以此类推。根据两个零件需要的加工时间不同，我们可以画出各种各样的时间图。

	A	B
车	1	3
铣	4	2

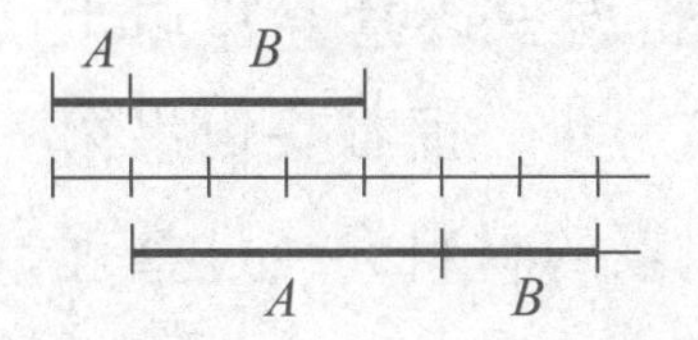

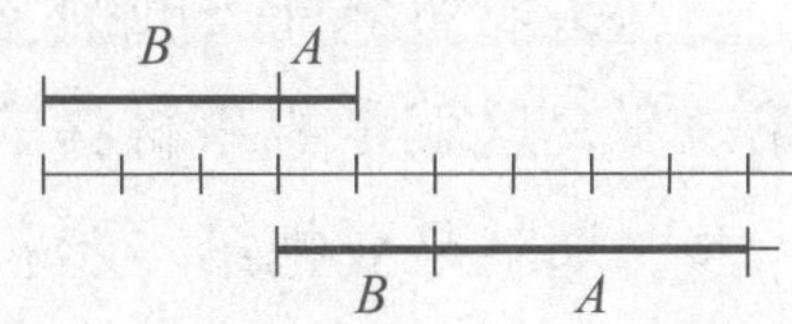

AB：7小时

BA：9小时

AB好些

	A	B
车	3	1
铣	2	4

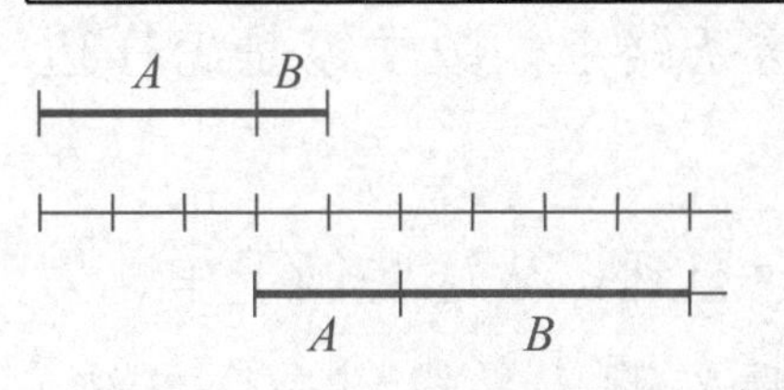

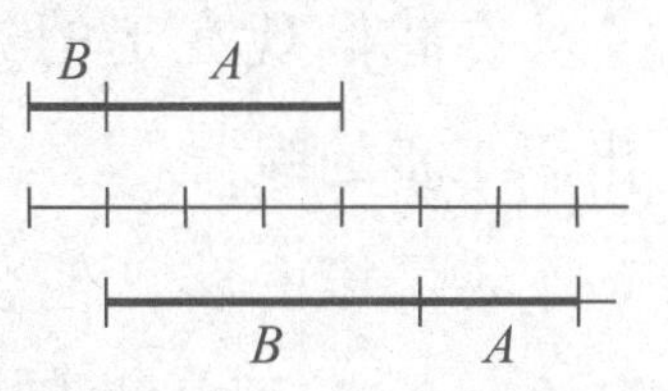

AB：9小时

BA：7小时

BA好些

还可以举出许许多多例子。

数学家的工作往往从观察许多例子开始。但是，在一个一个地举例子的时候，他们并不是盲目地算呀，画呀，什么也不想。

他们想什么呢？他们在想，怎样迈出第二步？

其实，列举许多的例子，数学家还只迈出了第一步，这就是积累材料的一步；接着要迈出第二步，那就是要把第一步积累的材料，经过整理加工，概括出一些规律性的东西来。

数学家就是这样一步一步地前进的。道路坎坷不平，有时这一步容易一些，有时那一步容易一些，很难预先肯定。但是有一点是肯定的：必须一步一步朝前走。

在我们现在走的这条路上，数学家是怎样迈出第二步的呢？

走了第一步，他会想到：从这些例子中，为什么一时抓不住关键呢？啊，要找到一个办法，利用工时表里的数，一下就把总的加工时间计算出来了；而且这个办法，最好能写成一个公式。

怎样才能找到计算公式呢？这就要用数学的知识了。

比如说，如果采用 AB 的安排，整个加工过程的总时间，应该怎样计算呢？

整个加工过程的开始一段时间里，车床加工 A，铣床在等待着。这一段时间的长度是车床加工 A 的时间，为了方便，我们把这个时间写成车 A。

加工过程的最后一段时间里，车床闲着，铣床在加工 B。这一段时间的长度，是铣床加工 B 的时间，我们写成铣 B。

中间的一段，就是从车床加工完 A、铣床开始加工 A 到铣床开始加工 B 的一段时间。在这一段时间里，铣床必须把 A 加工完，车床必须把 B 加工完。当车床把 A 和 B 都完成了，铣床才能开始加工 B。这一段时间多长呢？

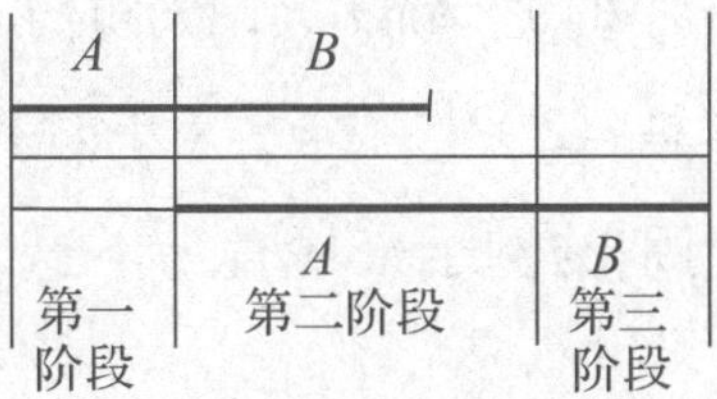

A B

A B

第一阶段 第二阶段 第三阶段

这要看车床加工 B 用的时间长，还是铣床加工 A 用的时间长。也就是看车 B 和铣 A 哪个数大。第二段时间的长度，就等于这两个数当中比较大的那个数。

这样，我们就可以写出：

第一段时间 = 车 A；

第二段时间 = 车 B 和铣 A 中较大的那个数；

第三段时间 = 铣 B。

所以按照 AB 的安排，总加工时间（用 AB 总表示这个时间）就是：AB 总 =（车 A）+（车 B 和铣 A 中较大的那个数）+（铣 B）。

公式就这样找到了。用这个公式可以直接算出总加工时间，而不必去画图。拿前面的例子来说：

因为车 $A=2$（小时），车 $B=3$（小时）；

铣 $A=4$（小时），铣 $B=3$（小时）。

所以 AB 总 $=2+4+3=9$（小时）。

你可以用别的例子来检查一下这个公式。

“⌣”和“⌢”是什么呀

公式虽然找到了，可是它并不像我们常常遇到的那种公式。它右边的第二项不是肯定的，得随机应变，怎么会那样别扭呢？

数学家开始也不满意，见得多了，才慢慢习惯了。

他们想，加、减、乘、除都是人们习惯的东西，这些都是从两个数得出第三个数来的。

那么，从两个数得出它们中间较大的那个数，不也可以看成和加、减、乘、除类似的东西嘛！数学家就想出了一个新的记号“⌣”来。$a \smile b$ 就得到 a 和 b 这两个数当中较大的一个数。比如：

$3 \smile 2 = 3$,

$2 \smile 5 = 5$,

$(-2) \smile (-3) = -2$,

$1 \smile 1 = 1$。

最后这个式子，因为两个数都是1，它们一样大，说哪个大都是一样。

这样，我们就可以把前面那个公式写成：

AB 总 = 车 A + (车 $B \smile$ 铣 A) + 铣 B。

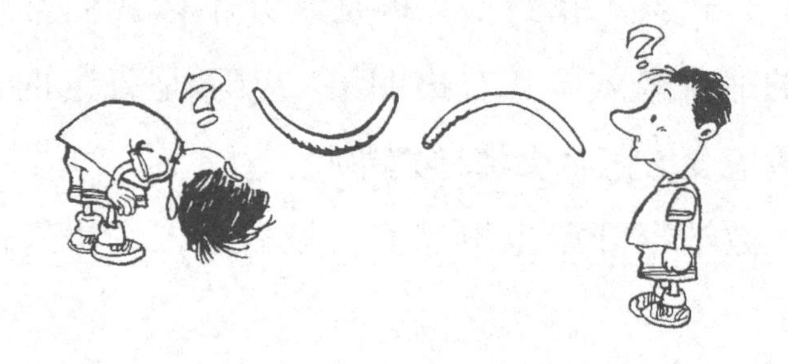

现在，你看它已经完全像一个数学公式了。

和“$\smile$”相对应的，还有“$\frown$”。$a \frown b$ 就是 a 和 b 这两个数当中较小的一个。比如：

$3 \frown 2 = 2$,

$2 \frown 5 = 2$,

$(-2) \frown (-3) = -3$,

$1 \frown 1 = 1$。

以前，我们把 +、-、×、÷ 叫做四则运算。其实，我们也可以把 $\smile$ 和 $\frown$ 加入这个行列，合称六则运算。

$\smile$ 和 $\frown$ 的确有资格叫做运算。你看，它们也像四则运算一样，有许多重要的规律。例如：

交换律：$a \frown b = b \frown a$，$a \smile b = b \smile a$；

结合律：$a \frown (b \frown c) = (a \frown b) \frown c$；

$a \smile (b \smile c) = (a \smile b) \smile c$；

分配律：$(a \frown b) + c = (a + c) \frown (b + c)$，

$(a \smile b) + c = (a + c) \smile (b + c)$。

当然，也有一些规律是新型的。比如：

反身律：$a \frown a = a$，$a \smile a = a$，

反号律：$(-a) \frown (-b) = -(a \smile b)$，

$(-a) \smile (-b) = -(a \frown b)$。

此外，还有一个极为重要的规律：

$$(a \smile b) + (a \frown b) = a + b。$$

它的道理很简单，$a \smile b$ 是 a 与 b 当中大的一个，$a \frown b$ 是 a 与 b 当中小的一个。所以，$(a \smile b)$ +

$(a \frown b)$就等于 a、b 当中大的一个加上小的一个，不管 a、b 到底谁大谁小，和总是 $a+b$。

前面我们已经求出：

AB 总 = 车 A + (车 $B \smile$ 铣 A) + 铣 B。

因为(车 $B \smile$ 铣 A) + (车 $B \frown$ 铣 A) = 车 B + 铣 A，所以车 $B \smile$ 铣 A = 车 B + 铣 A − (车 $B \frown$ 铣 A)。

代入前面的公式，得到：

AB 总 = 车 A + 车 B + 铣 A + 铣 B − (车 $B \frown$ 铣 A)。

右边前四项的和就是工时表里所有的四个数的总和，我们把它写作“总”。

AB 总 = 总 − (车 $B \frown$ 铣 A)。

这样，我们就把公式化简了。这个公式的意思是这样的：因为 B 在车床上的加工和 A 在铣床上的加工是同时进行的，我们实际上节约了一些时间，节约的时间是多少呢？就是（车 $B \frown$ 铣 A)，也就是车 B 与铣 A 这两个数中小的一个。

同样的道理，如果按 BA 的顺序来加工，整个加工过程的总时间就是：

BA 总 = 总 − (车 $A \frown$ 铣 B)。

这就是说，节约的时间是（车 $A \frown$ 铣 B）。

AB 和 BA，哪一种安排好呢？就要看哪一种安排用的时间少，也就是问车 $B \frown$ 铣 A 与车 $A \frown$ 铣 B 哪一个数大。

如果车 $B \frown$ 铣 $A >$ 车 $A \frown$ 铣 B，最好的安排是 AB。

如果车 $A \frown$ 铣 $B >$ 车 $B \frown$ 铣 A，最好的安排是 BA。

拿上节的第一个例子来说：

由车 $A = 2$ 小时，铣 $A = 4$ 小时，

车 $B = 3$ 小时，铣 $B = 3$ 小时；

得车 $A \frown$ 铣 $B = 2$ 小时，

车 $B \frown$ 铣 $A = 3$ 小时。

车 $B \frown$ 铣 $A >$ 车 $A \frown$ 铣 B，所以最好的安排是 AB。

两个零件的问题就解决了。结果是很简单的，用不着画时间图，也不需要计算出总的加工时间。

向前迈进

我们解决了两个零件的问题。但是我们才迈了两步，为了彻底解决问题，还得再向前迈步。

我们试试怎样把已经掌握的办法用到复杂一些的问题中去。先看看 3 个零件的情况。

还是从整理材料开始，然后进行加工，这样一步一步向前迈进。

这一回，我们把前面算过的例子中再添上一个零件，工时表变成：

	A	B	C
车床	2	3	1
铣床	4	3	6

如果没有 C，这就是我们前面研究过的问题，当时我们认为 AB 比 BA 好一些，现在有了 C，情况会发生什么变化呢？

拿 C 和 A 比较，用上节的方法算出：

$$车 C \frown 铣 A = 1 小时，$$

$$车 A \frown 铣 C = 2 小时，$$

所以 CA 比 AC 好。

拿 C 和 B 比较，同样可以看出 CB 比 BC 好。

看来第一要加工的零件应该是 C。

那么，接下去应加工 A，还是加工 B 呢？前面已经说过了，AB 比 BA 好一些，所以我们就可以按 C、A、B 的顺序来加工，画出的时间图是：

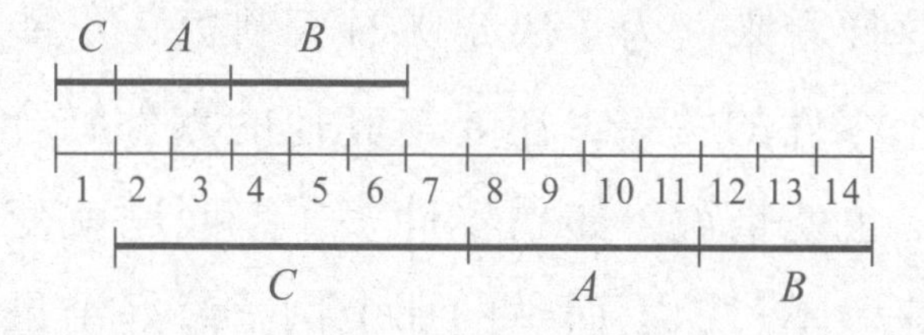

但是，如果你按 C、B、A 的顺序画出加工的时间图：

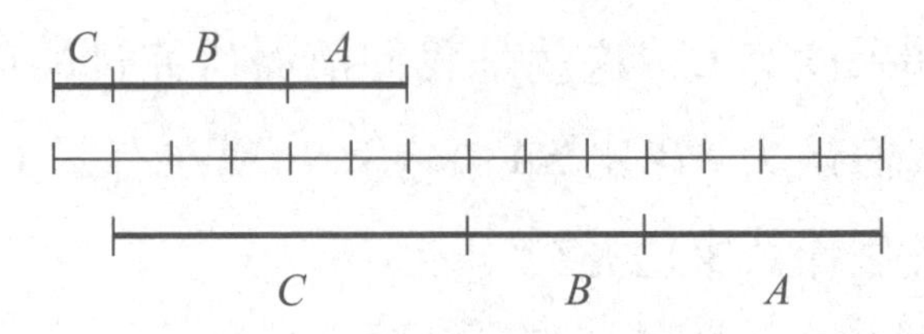

你看，由于有了 C，AB 的优点消失了，变得和 BA 一样了。

其实，这个道理很简单，在没有 C 的时候，从以前画过的时间图可以看出，AB 比 BA 好，是由于铣床开始一段需要等待的时间短一些，现在有了 C，在车床加工 A 或 B 的时候，铣床并没有停下来，而是在加工 C。等到铣床加工完 C 的时候，车床早已完成了全部工作。铣床也就可以接着加工 A、B 两个零件。所以，AB 的顺序也就并不重要了。

这样看来，为了决定哪种安排好，不能只考虑两个零件的关系，还要与其他的零件结合起来考虑。也就是说，如果零件多了，问题就变得复杂起来。不过，上面举的那个例子幸好结果没有太大的变化，AB 的好处虽然消失了，还没有坏处，所以把 A 放在 B 的前面不至于把事情弄糟。因此，我们还是可以用下面的办法来找寻最好的安排：

先两个两个进行比较，决定哪一个零件应放在哪一个零件的前面，然后按照这种关系找寻一个合理的顺序。

在上面举的例子中，我们就是这样做的。我们先分析出：A 应该在 B 前面，C 应该在 A 前面，C 应该在 B 前面，然后，就确定了 C—A—B 的顺序。后来发现 C—B—A 的顺序和 C—A—B 的顺序效果一样，但是无论如何，C—A—B 的顺序是好的。在实际工作中，能作出一种合理的安排就行，所以不妨就按 C—A—B 的顺序来加工。

现在我们快到终点了，让我们加把劲，再向前迈一步吧。

这一次让我们回到那个曾使你困惑的工时表。

工时表　　单位：小时

零件 机床	A	B	C	D	E
车床	8	9	4	6	3
铣床	5	2	10	8	1

按着上面的办法，我们必须一对一对地观察一遍，看每两个零件哪个应放在前面。最后可以列出下面的一个表：

A应在B前	C应在A前	D应在A前
A应在E前	C应在B前	D应在B前
B应在E前	C应在D前	C应在E前
D应在E前		

要从这张表中去找出一个合理的安排来，当然是十分困难的。何况有的时候，还可能要你去安排几十个或上百个零件的加工次序呢。

不过，你如果真是亲手列出了这样一张表，你一定会发现：工时表里比较大的数，用处是不太大的；越是小的数，价值越高。这是因为你在确定先后顺序的时候，总是比较两个“⌒”的结果谁大，所以拿来作比较的数，都已经是工时表中比较小的数了。因此，我们首先要注意的数，应该是工时表里最小的那个数1，就是铣E。你马上可以想到车★⌒铣$E=1$。这里的★代表A、B、C、D中的任何一个，不管是哪一个，上面的式子都对。

不但如此，你还可以想到车 E⌒铣★ >1。这是因为车 E 与铣★都是比 1 大的数，所以它们当中小的一个也还是比 1 大的数。

从这两个式子马上就可以得到结论：E 应该放在任何一个零件的后面。这不正好是我告诉你的秘诀吗！

离终点只剩下最后一步了。这一步请你自己来迈吧。我在终点等着你。

该 跟 踪 谁

侦察员小王接到命令，去跟踪一个重要的间谍“熊”。现在，“熊”正在一间密室里和另外两

个间谍碰头。小王只知道“熊”是3个人中最高的一个，但是无法看到他们3个人碰头的情况，因而也不知道3个人中哪个身材最高。小王只能在门口等待他们出来。他想：这3个间谍如果不一块儿出来，可能最先出来的是“熊”，也可能最后出来的是“熊”，也可能中间那一个是“熊”，我应该跟踪哪一个呢?

3个间谍在密室里也正考虑呢，为了防备外面有人盯梢，谁先出去好呢?

这就是一个对策论的问题。

对策论是现代数学的一个重要分支，在军事、公安、经济和日常生活各个方面，都很有用处。由于对策论经常用智力游戏——打扑克、下棋等做模型，所以又叫博弈论。博就是赌博，弈就是下棋。其实，赌博如果去掉输赢财物的规定，就是智力游戏。

再举一个例子：有人要买外国一家公司的一条旧船。他知道这家公司有3条旧船，价格一样。双方商定先看第一条船，如果他表示不要，再看

第二条船，如果又表示不要，再看第三条船。既然3条船价格一样，他当然要尽可能买最好的，但是哪一条是最好的呢？

公司呢？它知道这次只能卖掉一条船，为了多赚一些钱，当然希望把最坏的一条卖掉，那它应该按什么顺序介绍呢？

这两个对策论的问题含义是不同的，但是在数学上，它们是相同的问题。

一般的对策问题都是这样：双方各有一些可以采取的策略，一旦双方的策略都确定了，就会出现一定的结果，问题是双方怎样找到最好的策略？

孩子们很喜欢的“石头、剪子、布”划拳游戏，就可以作为对策论的一个例子：甲乙两人同时伸出手来，做出石头、剪子、布的样子。两个人如果手势相同，就算平局；如果不同，石头可以砸坏剪子，剪子可以把布剪破，布可以把石头包起来，那就有了胜负。

在这个问题里，甲和乙各有3种可以采取的策略。结果如何？我们列出一个输赢表来（见下表）。

		乙		
		石头	剪子	布
甲	石头	0	1	−1
	剪子	−1	0	1
	布	1	−1	0

这是甲的“得分”表。“0”表示平局，“-1”表示输，“1”表示赢。

我们把对策问题列成这样的表，就成了“表上游戏”。这种表是由若干行和若干列数字组成。甲可以指定其中的某一横行，乙可以指定其中的某一竖行。规定他们同时说出他们指定的横行或竖行。在这两行的交叉点上的数，就是甲得到的分数。例如在下面这个表里：

-3	5	4	-1	-5
-2	6	-3	0	2
-1	1	2	1	0
-3	-5	4	-1	3

如果甲指定第二横行，乙指定第三竖行，甲就得到-3分，也就是说输3分。

到此为止，我们为对策问题找到了一个数学模型。在代数课上，我们常常要为一个应用题列出方程式来。这个方程式就是应用问题的数学模型。有了数学模型，我们就可以暂时丢开原来的应用问题，全力去解决这个数学模型中的问题了。

所以现在，我们就暂时丢开什么“熊”呀、船呀、手势呀，全力以赴去研究这样的一个问题：

在表上游戏中，怎样找出最好的策略。

斗智的结果——找到了平衡点

我们先研究上节提出的那个表上游戏：

−3	5	4	−1	−5	−5
−2	6	−3	0	2	−3
−1	1	2	1	0	−1
−3	−5	4	−1	3	−5
−1	6	4	1	3	

现在我们在每一横行的后面和每一竖行的下面，又写上了一个数。每个横行后面写的数，是这一行中最小的那个数；每个竖行下面写的数，是这一行中最大的那个数。

从甲的立场来看，不管乙采用什么对策，他如果指定第一横行，那最不利的结果是-5，就是说输5分。同样，他如果指定第二横行，最坏的结果是-3，就是说输3分。可见每一横行的最小数表示的是：如果甲指定了这一行，可能发生的最坏结果是什么。

甲应该选哪一横行呢？当然是第三横行了。因为这一行的最坏情况，他也不过输1分而已。甲一旦采取了这个策略，那就不怕乙猜中他的策略，因为他已估计到最坏的情况了。当然，如果乙选择了别的策略，甲还有可能不输，甚至赢到一些分数。

从乙的立场来看，不管甲采取什么对策，如果他指定第一竖行，那最不利的结果是-1，即甲只输1分，乙只赢1分。如果他指定第二竖行，那对他最不利的结果是6，即甲赢6分，乙输6分。可见每一竖行的最大数表示的是：如果乙指定了这一行，可能发生的最坏结果是什么。

那么乙应选择哪一竖行呢？当然是第一竖行，

因为这一行最坏的结果，他还可以赢1分。

如果甲乙双方都研究过对策论，那这个游戏就变得十分简单了：甲选取第三横行，乙选取第一竖行；结果甲输1分，乙赢1分。

在对策问题中，双方必须斗智，谁也不能胡来，不然就会陷入很不利的处境。比如说，甲不满意输1分的结局，想碰碰运气，指定了第二横行，争取那个胜6分。结果呢？如果乙不犯错误，指定第一竖行，结果甲只能输得更多。因此对甲来说，最聪明的办法就是把自己的策略公开告诉对方，对方也不会得到任何额外的收获。同样，乙的最好的策略，就是指定第一竖行。即使甲知道了乙的这个策略，对乙也无可奈何。

这样一来，这个游戏的结局就是确定无疑的了。

你看，在对策问题中，每一方都努力争取对自己有利的结局，双方的要求本来是矛盾的。但是，经过智力的角斗，达到了这样一个平衡点，双方都乐于接受这个结局。

从道理上来说，任何一个对策问题，经过透彻研究之后，都会达到这个结局。不过，特别复杂的对策问题，例如下象棋，现在还根本谈不到透彻的研究，谁都不知道怎样走是最好的策略。因此棋盘上会出现种种复杂的形势，双方都力图使对方失误，使自己能占上风。而正是这样的对策问题，才能真正引起人们的兴趣。

从前面的例子可以看出，平衡点就是表里的这样一个数：在同一横行中比较，它是最小的一个数；在同一竖行中比较，它是最大的一个数。这使我们联想起马鞍来：马鞍上坐人的那一点，比前后的点都低，比左右的点都高，所以我们可以把表上的这种数叫做“鞍点”。一个表如果有鞍

点，这个游戏就有了平衡点。

可惜，在大多数的表上并没有鞍点。

下表第一横行最小的数是 -8，第二横行最小的数是 -6，它们都不是同一竖行中的大数，所以这个表没有鞍点。

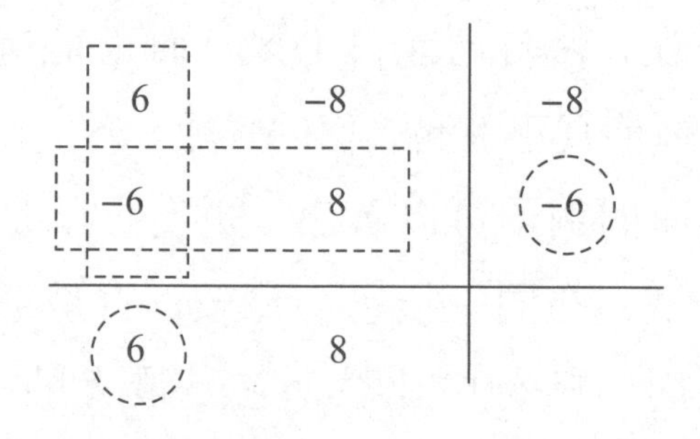

在这个游戏中，甲应该选取第二横行，这样就不会输得比6分还多；乙应该选取第一竖行，这样乙就不会被甲赢去6分以上。

现在我们假定甲乙两人，就这样选定了自己的策略来进行游戏，结果一定是甲输6分，乙赢6分。甲虽然输了，也心安理得；而乙呢，就喜出望外了。因为他本来作了被甲赢6分的打算，没有想到自己倒赢了6分。

这样，这个游戏就不平衡了，乙有了额外的

收获。

不平衡的游戏，和前面说的平衡的游戏有很大的不同。在平衡的游戏中，一个不满足平衡点的游戏者，如果选择了别的策略，只会输得更惨，此外一无所获。在不平衡的游戏中，情况就不同了。

比如说，甲知道了乙指定第一竖行，那他改定为第一横行，就可以赢得6分。

这种情况说明，游戏的双方都还有可能再想一些办法，争取更好的结果。

什么办法呢？请看下节。

利用混合策略造成平衡点

我们设想不平衡的游戏要重复玩很多盘，所以双方都可以根据进行的情况，来猜测对方的策略。

对于平衡的游戏，每一方都应该放心地抱住一个固定的策略不放。策略不怕公开，玩多少盘，结果总是一样。

对于不平衡的游戏就不同了。从上节的那个例子来看，甲如果发现乙总是指定第一竖行，他就可以指定第一横行，赢 6 分。因此，乙不能总是指定第一竖行，不然就太傻了。

斗智的结果，必然是大家都不断改变自己的

策略。以甲为例，他就应该一会儿指定第一横行，一会儿指定第二横行。这种改变不能有规律，如果形成了规律，一旦被对方发现，他就会一败涂地。

双方既要不断地改变自己的策略，又要变化无常，那怎么办好呢？可以采用类似抓阄的办法，比如说可以扔一个硬币，看到落下来国徽朝上就指定第一行，数字向上就指定第二行。

要是双方都采用扔硬币的办法，这就是双方都按照$\frac{1}{2}$比$\frac{1}{2}$的比例来“混合”使用自己的两个策略。

当然也可以按别的比例，比如按 31 比 69 的比例来“混合”自己的两个策略：在一个口袋里放好 100 个纸团，其中 31 个写上 1，69 个写上 2，从口袋中随意摸出一个纸团，打开一看，上面写着几，就指定第几行。

如果甲用 31 比 69 的比例来混合自己的策略，乙用 74 比 26 的比例来混合自己的策略，那就可以按下面的办法来计算出平均每盘甲赢几分。

先在这个游戏表的左边和上边分别写上甲乙各按什么比例混合自己的策略：

	0.74	0.26
0.31	6	−8
0.69	−6	8

在每一个数下面写一个数，这个数是这一横行最左边的数和这一竖行最上边的数的乘积，比如 $0.31\times0.74=0.2294$。这些数表示出现各种结果的机会有多大。

	0.74	0.26
0.31	6 0.2294	−8 0.0806
0.69	−6 0.5106	8 0.1794

再把每一个数和它下面的数相乘加在一起：

$$6\times0.2294+(-8)\times0.0806+(-6)\times0.5106+8\times0.1794=-0.8968。$$

这就是甲每盘平均得的分数。

你喜欢代数，不难算出一个公式来：如果甲用 p 比 $(1-p)$ 的比例混合自己的策略，而乙用 q 比 $(1-q)$ 的比例混合自己的策略，那么，用上面的办法可以算出，平均每盘可以得的分数是：

$6pq-8p(1-q)-6(1-p)q+8(1-p)(1-q)$。

简化得 $(1-2p)(8-14q)$。

这说明，如果 $p=\frac{1}{2}$，许多盘游戏的结果，平均说来就是平局，就是甲平均每盘赢 0 分。

换句话说，只要甲坚持用 $\frac{1}{2}$ 比 $\frac{1}{2}$ 的比例来混合自己的策略，就可以保证在许多盘重复之后，不输也不赢。即使乙了解到甲的这个比例，那也没有关系。

乙呢？最好是按 $\frac{4}{7}$ 比 $\frac{3}{7}$ 的比例来混合自己的策略。因为 $q=\frac{4}{7}$ 时，$8-14q=0$。这个比例也不怕甲知道。

反过来，如果甲或者乙按别的比例来混合自

己的策略，它就可能受到额外的损失。比如说乙要按$\frac{1}{2}$比$\frac{1}{2}$的比例来混合自己的策略，那甲就可以固定选取第二横行。这样，有一半的机会甲会输6分，但也有一半的机会能赢8分，平均起来每盘赢：

$$\frac{1}{2}\times(-6)+\frac{1}{2}\times 8=1(\text{分})。$$

这个游戏是很有趣的，你不妨试试。

这样，我们就发现，对那种没有鞍点的表，使用了混合策略，游戏又可以达到一种平衡点。

怎样对一般的游戏求出它的平衡点，并算出双方合理的比例，是一个很复杂的问题，我们这里不再往深里谈了，只顺便提一句：像“石头、剪子、布”这样的游戏，双方最好都按照$\frac{1}{3}$比$\frac{1}{3}$比$\frac{1}{3}$的比例来出石头、剪子和布。

侦察员的策略

我们对表上游戏谈了不少了，请你不要忘记，表上游戏不过是多种多样的对策问题的模型。如果只讨论表上游戏，而不知道怎样把它和其他的对策问题联系起来，就没有什么意思了。

让我们还是回来研究一下跟踪问题吧，看怎样利用表上游戏来解决侦察员小王的问题。

在这个问题中，斗智的双方是小王和“熊”。我们可以想象，另外两个间谍是受“熊”指挥的。所以小王相当于甲方，“熊”相当于乙方。

双方各有多少可以考虑的策略呢?

“熊”的策略比较简单。它只需安排一下 3 个人出去的先后次序就行了。为了方便起见，我们假定另外两个间谍一个叫“狼”，一个叫“蛇”，按个子来说，熊最高，狼其次，蛇最矮。他们出去的次序一共有以下6种：

1. 熊、狼、蛇；　　2. 熊、蛇、狼；

3. 狼、熊、蛇；　　4. 狼、蛇、熊；

5. 蛇、熊、狼；　　6. 蛇、狼、熊。

“熊”的策略就是这6种。必要时，他可以按一定比例混合这6种策略。

小王的策略比较复杂。他可以不管三七二十一，跟踪第一个出来的人；或者放走第一个出来的人，跟踪第二个出来的人。当然，他也可以把这两个都放走，跟踪最后出来的人。看来他只有这3个策略可以采取。

其实不然，小王还有一个策略可以考虑，这就是放过第一个出来的人，等到第二个人出来，看他如果比第一个高（小王是侦察员，判断人的高矮有充分的把握），就跟踪他，否则就等第三个人。这就是他的另一个策略。如果第三个人出来又不是高个，那一定不是“熊”，就没有跟踪的必要了。

这样，小王的策略共有 4 个：

1. 跟踪第一个人；

2. 跟踪第二个人；

3. 跟踪第三个人；

4. 放走第一个人，再根据第二个人是不是比第一个人高，决定是不是跟踪他。

这样看来甲方有 4 个策略，乙方有 6 个策略，我们就可以用一个四横行、六竖行的表上游戏来做它的模型（见下表）。

乙(熊)

		1	2	3	4	5	6
甲(小王)	1	1	1	0	0	0	0
	2	0	0	1	0	1	0
	3	0	0	0	1	0	1
	4	0	0	1	1	1	0

表里写“1”的地方是小王胜利，写“0”的地方是小王失败。所以这个表上的数，可以算成是小王赢的分数。

这个表里有几个值得注意的地方：

你看，第一竖行和第二竖行数字两两相同。这是什么意思呢？

很简单，第一竖行和第二竖行代表着“熊”的两种策略，它们共同之处是“熊”先走，不同的地方是“狼”和“蛇”谁先走。假定“熊”采用了这两种策略中的一个，那么，只要小王打算跟踪第一个人，就一定胜利。相反，只要小王打算放过第一个人，就一定失败。所以“熊”的这两种策略，效果完全是一样的。了解了这个道理，我们可以干脆把“熊”的这两个策略去掉一个，比如去掉第二个，保留第一个。

同样的道理，可以去掉第五个策略，保留第三个策略。这两个策略都是“熊”第二个出去。

你可能会想，“熊”的第四个和第六个策略是不是也可以照此办理，去掉一个、留下一个呢？

从表上可以看出，第四个策略和第六个策略效果是不一样的。虽然在这两个策略中，“熊”都是第三个出去。但是，如果小王采取第四个策略，他就会根据第二个出去的人是不是比第一个出去的人高一些，来决定要不要追踪第二个人。这样一来，先让“蛇”走或是先让“狼”走就有了不同的效果。先让“蛇”走，小王就会跟“狼”而去，而“熊”就肯定溜脱了。

因此，在“熊”看来，不论小王的策略如何，第六个策略总不会比第四个策略差。所以“熊”应该保留第六个策略而去掉第四个策略。

这样一来，“熊”就只剩下第一、第三、第六这3个策略了。

从小王来看呢？第二个策略与第四个策略只有一点不同，那就是第四个策略多了一个得胜的可能性：如果3个间谍按照“狼、蛇、熊”的顺序走出来，小王的第二个策略将会失败，而第四个策略将会胜利。因此，第四个策略不比第二个策略差。这样，小王的策略也就只剩了第一、第三、第四这3个了。

把可以去掉的策略去掉，上面的表就成了：

乙(熊)

		1	3	6
甲(小王)	1	1	0	0
	3	0	0	1
	4	0	1	0

这个表上游戏可以像上节的问题那样，算出双方应按什么比例去混合策略，结论是，都按$\frac{1}{3}$比$\frac{1}{3}$比$\frac{1}{3}$的比例去混合自己的策略。

形象地说，小王明白这个道理后，可以看看手表，如果秒针在12点与4点之间，他就采取第一个策略；如果秒针在4点与8点之间，他就采取第三个策略；如果秒针在8点到12点之间，他就采取第四个策略。这就是按$\frac{1}{3}$比$\frac{1}{3}$比$\frac{1}{3}$的比例混合了第一、第三、第四这3个策略。

如果“熊”没有想到侦察员在外面等着他，他很可能任意安排一个出门的顺序。这相当于把6种策略按$\frac{1}{6}$比$\frac{1}{6}$比$\frac{1}{6}$比$\frac{1}{6}$比$\frac{1}{6}$比$\frac{1}{6}$的比例混合起来，那么小王得胜的机会就会增加到$\frac{7}{18}$。

如果小王猜到“熊”会按这个比例混合他的6种策略，那么，他就会干脆采用第四个策略，而把得胜的机会，提高到$\frac{1}{2}$。

但是他的这个意图如果一旦被“熊”猜中，他就会毫不犹疑地第一个走出去，使小王完全失败。

因此，双方都只好谨慎地按照上面的对策论的观点，来选择自己的策略。

如果双方都这样做了，我们就可以算出小王在这次斗智中获胜的机会是$\frac{1}{3}$。

你不要感到遗憾。公平地说，小王的任务的确是很难完成的，有了$\frac{1}{3}$的机会也就很不错了。如果弄得不好，连这个机会还得不到哩！

奇怪的无穷多

不超过10的正整数有多少个?

10个。

不超过230571的正整数有多少个?

230571个。

全体正整数有多少个?

无穷多个。

这样回答是正确的。如果我继续问下去:

人的手指有多少个?

10个。

人的手指和不超过10的正整数一样多吗?

一样多。

全体整数——包括正整数、负整数和零有多少个？

无穷多个。

全体整数和全体正整数一样多吗？

这下难住了。

可不是嘛！前面已经回答过全体正整数有无穷多个，现在又回答全体整数有无穷多个，都是无穷多个，看来不是一样多吗？但是，全体正整数只是全体整数的一部分，一部分能和全体一样多吗？

必须承认无穷多个只是一个笼统的说法，而不是一个精确的说法。无穷多和无穷多不见得一样多。承认了这一条，就容易自圆其说了。

但是，问题并没有完全解决。怎样比较两个无穷的数谁大谁小呢？比如我问：

全体长方形和全体菱形哪个多些？

一条直线上的所有线段和一个圆里的点哪个多些？

正方形和正整数哪个多些？

…………

这些问题中涉及的无穷数，并不是全体和部分的关系，因此，我们也就不能一下子回答这个问题了。

看起来，得想一个办法，使得我们可以比较两组不同的东西的多少。

如果两组东西都是有穷的，要比较它们的多少，一般是数数：数一数第一组东西有多少，第二组东西有多少，然后就知道谁多谁少了。

这个办法对“无穷”来说是不适用的，因为“无穷”本身就包含数不清的意思在内。我们得另想办法。

假定桌上摆了一些糖和饼干，不许数数，怎么知道是糖多还是饼干多？

你可以这样做：把糖一块一块地放到饼干上，每一块饼干上只放一块糖。放的结果，如果还有空着的饼干，那么饼干就比糖多；如果还有糖，那么糖就比饼干多。也许很巧，既没有多余的糖，也没有多余的饼干，每一块糖都放在一块饼干上了，两者就一样多。

从这里，我们得到一种启发：我们要比较两种东西的多寡，可以设法把这两种东西互相配对。如果两组东西恰好全部都配成了对，它们就一样多；哪一种剩下了，哪一种就多些。

这个想法可以帮助我们解决一些问题。

例如正整数和负整数是一样多的，因为我们很容易把 1 和 -1、2 和 -2、…、n 和 $-n$……都一一配成对。

又例如正整数比直线上的点少些，因为我们可以在直线上任取一个线段 A_1A_2，再取 $A_2A_3 = A_1A_2$，$A_3A_4 = A_1A_2$……这样，很自然地把 1 和 A_1、2 和 A_2、……、n 和 A_n……配成对，但是在直线上，还有大量的点没有配上对，这就证明了正整数比直线上的点少。至此，问题并没有完全解决。比如说：

1 **2** 3 **4** 5 **6** 7 **8** 9 **10**……

这里我们用细字与粗字分别印出了奇数和偶数，如果问奇数与偶数哪一种多？可以出现两种解答：

一种是把 1 与 2、3 与 4 等配成对，也就是说把一个细字的数与它后面的粗字的数配成对，这样一定会得到一个结论：奇数和偶数一样多。

另一种是把 2 与 3、4 与 5 等配成对，也就是把一个粗字的数和后面的细字的数配成对，这样一来，就把 1 这个细字的数剩了下来，于是得到另一个结论：奇数比偶数多。

同一个问题，两种不同的解答，哪一种对呢？

又比如说：

1 2 3 4 5 6……

1 2 3 4 5 6……

这是相同的两组东西，只不过一组是用细字印的，一组是用粗字印的，它们应该是一样多的。不过，要是把每一个粗字印的数和右上方的细字印的数配成对，就会剩下细字 1，于是就会得出结论说：细字印的数多。反过来，如果把每一个细字印的数和右下方的粗字印的数配成对，就会剩下粗字1，于是就会得出结论说：粗字印的数多。

这些互相矛盾的结论，说明我们前面的想法还有毛病。

毛病在哪里呢？就在于我们认为：在把两组东西配对的时候，某一组剩下了一些没有配上对的东西，这一组就多一些。

上面的两个例子告诉我们，使某一组剩下了一些没有配上对的东西，也不能断言这组东西就多一些；只能说，这一组东西不会比另一组东西少，可能是这一组东西多些，也可能是两组东西一样多。

这是一件很意外的事，因为它和我们的常识不符。但是，我们的常识是从对有穷的东西的研究中总结出来的，到研究无穷的东西的时候，就不能完全适用了。

有了这样的认识，我们就可以解释上面的矛盾。原来，两个问题中细字的数与粗字的数都是一样多的。

这样看来，有关无穷多的问题，绝不能根据朴素的常识随便下结论。

现在回到全体整数和全体正整数是不是一样多的问题。开初，你的印象大概是全体整数比全体正整数多吧！

根据是什么呢？无非是认为“全体”总比“部分”多些。经过刚才的讨论，你大概也会变得更加谨慎一些了，觉得有必要对这个问题重新审查一下了。

有关无穷多的问题，我们确实应该采取这个态度。

无穷多的美妙特性

上节的讨论告诉我们：

如果两组东西能够配对，它们就一样多。

如果一组东西能够和另一组东西的一部分配对，这组东西就不会比另一组多。

根据这两条，正整数与全体整数是不是一样多的问题，现在就不难水落石出了。你看：

1　2　3　4　5　6　7　8　9……

0　1　-1　2　-2　3　-3　4　-4……

上面一行是按普通办法排列的正整数，下面一行是按一种特殊的办法排列的整数。不难看出，如果把上下两数相配，我们就把每一个正整数和整数配成了对。这样一来，我们就可以知道，正整数和全体整数是一样多的。

我们还可以发现全体整数和全体偶数一样多。这只要按下面的办法来配对就可以看出来：

1、2、3、4、 5、 6……

2、4、6、8、10、12……

再举个复杂一点儿的例子。一个围棋盘，是

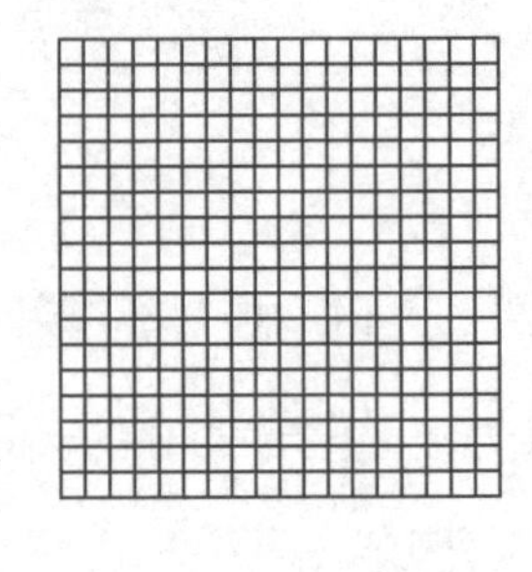

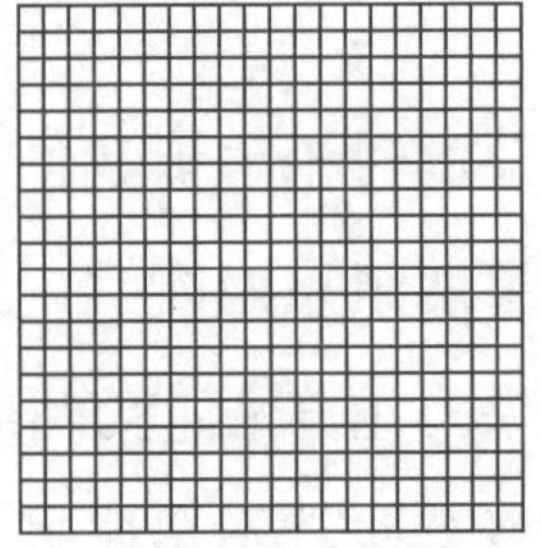

每边 18 个格的正方形，它共有 $18^2=324$ 个方格。如果把这个围棋盘每边加到 20 格，那就是 $20^2=400$ 个方格。如果把这个棋盘往上下左右都无限地扩大，那方格的数目就有无穷多了。现在，我们按照下面的办法在每一个方格里填上一个正整数：

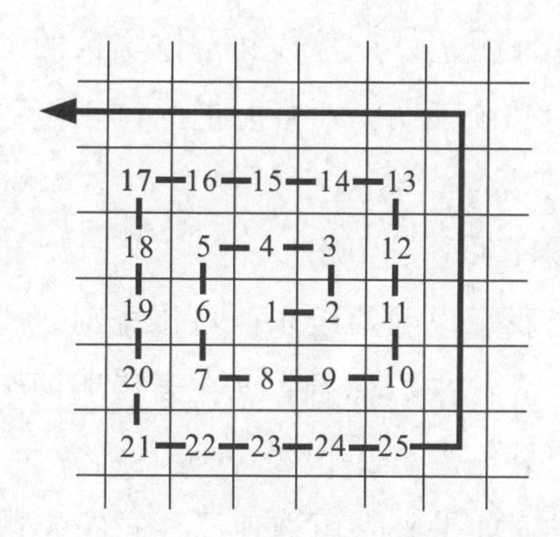

也就是说，从一个方格开始，螺旋形地转出去，顺序写上1、2、3……这样，我们就把所有的方格和正整数配上了对，所以方格和正整数一样多。

这些例子都和正整数一样多。有没有比正整数多的东西呢？有的。在数学上，把全体整数和小数（包括无穷小数）总称为实数，全体实数就比全体正整数多。

怎样说明这一点呢？我们当然不难把全体正整数和全体实数的一部分配对。但是，这只能说明全体正整数不会比全体实数多，却不能说明全体实数的确比全体正整数多。

要想证明全体正整数和全体实数的确不一样多，我们必须证明：不可能把全体正整数和全体实数配上对。

怎样证明这一点呢？

如果我想说明两组东西可以配对，我可以把配好的对写出来给你看。现在要说明两组东西不能配对，有什么办法呢？

有的。如果有人声称他已经把正整数和实数配上了对，只要指出他还遗漏了某个实数没有配上对就行了。

这件事看来很难，其实不难。我们可以把与正整数 1 配对的实数写成 a，与正整数 2 配对的实数写成 b，与正整数 3 配对的实数写成 c，等等。

我们再按下面的办法写一个实数 x：x 是个无穷小数，整数部分是 0；x 的第一位小数，与 a 的第一位小数不同；x 的第二位小数，与 b 的第二位小数不同；x 的第三位小数，与 c 的第三位小数不同，如此等等。

这个 x 会不会等于 a 呢？不会的。因为它们的第一位小数不同。这个 x 会不会等于 b 呢？不会的，因为它们的第二位小数不同。

很明显，因为 x 总有一位小数与 a、b、c……不同，所以 x 不会等于与任何一个正整数配了对的实数，即 x 并没有与任何一个正整数配上对！

正整数和实数是不能配对的，说明全体正整数和全体实数不一样多，全体实数确实多一些。可见任何一个声称已经把正整数和实数配上了对的人，其实都是错误的。

这样，我们就至少有了两种无穷多了：全体正整数的个数叫做可数无穷多，全体实数的个数叫做连续无穷多。

根据这个道理，我们还可以说明一条直线上的点有连续无穷多，一个正方形里的点也有连续无穷多，等等。一张纸上能画出多少不同的三角形呢？答案也是连续无穷多。

不过，为了很好解决这一类问题，我们还需要研究“无穷多的算术”。

比如说加法，我们知道两组东西，一组是 n

个，一组是 m 个，把这两组东西放在一起，共有多少呢？就是 $n+m$ 个。

如果 n 和 m 当中有一个是无穷多，或者两个都是无穷多，$n+m$ 也是无穷多。

如果用 a 表示可数无穷多，我们可以算出来：

$$a+1=a，a+a=a。$$

实际上，正整数总共是 a 个，负整数总共也是 a 个，再添上一个 0，就是全体整数，所以全体整数共有 $a+a+1$ 个。前面已经说过，全体整数和全体正整数是一样多的，所以：

$$a+a+1=a。$$

这个式子告诉我们，$a+1$ 或 $a+a$ 都不会比 $a+a+1$ 更多，也就是不会比 a 更多；而 a 也不会比 $a+1$ 或 $a+a$ 更多。因此，它们都是一样多。

这个式子是很奇妙的。它实际上证明了两个相同的无穷多相加，或者无穷多和有穷多的数相加，还等于同样的无穷多。要是两个不相同的无穷多相加，那就应该等于比较多的那个无穷多。

无穷多也可以做乘法、乘方等等。我们可以

证明，许多代数公式对于无穷多也是适用的。比如：

$$m(n+k)=mn+mk$$

$$m^{n+k}=m^{n}\cdot m^{k}$$

也有一些公式对无穷多是不适用的。比如在普通的算术中，只要 n 不是 1，n^2 总是大于 n 的。在无穷多的算术中，我们却可以证明 $n^2=n$。前面讨论过“棋盘有多少方格”的问题，说的就是这件事。

不等式的公式对于无穷多来说，基本上是不适用的。这是无穷多的奇妙特性——全体可能并不比它的一部分多这个特性造成的。在这方面，只有一个公式是例外，这就是只要 $n\neq1$，就一定有 $n^m>m$。

这个式子很重要。因为关于无穷多的不等式，我们一共就只知道这么一个。可见人们对无穷多的了解还远远不够。

比如说，我们知道最少的无穷多是可数无穷多 a，而且可以证明连续的无穷多 c 等于 2^a，但是

我们并不知道在 a 与 c 之间还有没有其他的无穷多。

研究这些问题是集合论的任务。集合论是现代数学中最基本、最困难的分支之一。

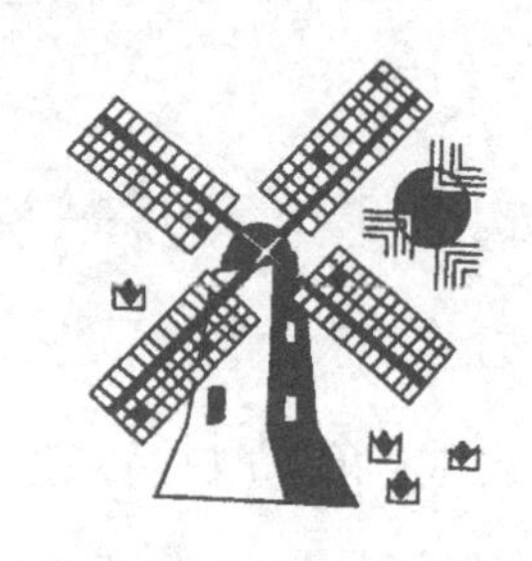

模 糊 数 学

数学还能模糊吗?

多少年来，人们都把数学看成是一门最精确的科学，认为高度的精确性是数学与其他学科的主要区别之一。有的人还说过数学是科学的女王或皇后之类的话，大概就是为了称赞数学的精确性。

其实，与其说数学是科学的女王，不如说数学是科学的仆人。数学是基础学科，它是为其他学科服务的。

数学不能只讲精确。人们在生活、生产和科研中，常常要用到一些模糊的概念、判断和推理，数学也应该想办法研究这些东西，解决有关的问题，同时也丰富自己。

一个人如果拒绝使用模糊的概念、判断和推理，他大概会成为精神病患者。

比如说，你请他替你去告诉李鹏同学一件事。可是他并不认识李鹏。你就告诉他说，请他到操场的东南角去找李鹏，李鹏正在那里和几个同学玩，他是个矮个儿、胖子。

你以为已经说清楚了，可是他问："矮个儿，身高不超过一米几？胖，他的腰围多少？体重多少？"

就算你的答复使他满意了，他拿起皮尺和磅秤去操场了。可是问题又来了，"东南角"，这是多大的一个范围？是半径 5 米的一个圆？还是边长 3 米的一个正方形？如果有一个人一只脚站在这个范围内，另一只脚站在这个范围外，应该不应该考虑在内？

他还在郑重其事地考虑这些问题，天早已黑了，操场上只剩他一个人了。

可见不允许用模糊的概念是不行的。那么，人们是怎样利用模糊概念去思考的呢？

起初，人们以为模糊就是近似。人们就去研究有关近似的计算、误差等的数学道理，取得了不少成果。

后来，人们把模糊和偶然性联系在一起。人们就去研究有关随机变量、随机过程和数理统计方面的数学道理，也取得了不少的成果。

但是，人们渐渐发现，这些并没有抓住模糊概念的主要特点。

精确的概念是什么呢？假如我们谈论你班上的男同学，这“男同学”就是一个精确的概念。为什么精确？因为一个同学在不在这个概念内，是完全确定的，你和我都清清楚楚。当然，我没见过你班上的同学，所以我并不知道某一个同学，比如李明，是不是一个男同学。但是这并不要紧，因为我很清楚，他或者是个男同学，或者不是个男同学，这是明确的。我们可以把一个明确的概念看成一组事物的名称，用现代数学的术语来说，就是一个“集合”的名称。

模糊概念与此不同，比如我们谈论你班上的高个子，这“高个子”就是一个模糊概念。李华身高 1.90 米，他算高个子是当之无愧的。张明身高 1.44 米，他和高个子根本不沾边。但是王虎呢？他身高 1.65 米，算不算你班上的高个子呢？这就很难说了。

所以“高个子”这个概念是个模糊概念，主要不是因为测量可能有误差，也不是因为人的身高会随着他的健康情况、运动情况等发生偶然的变化，而是因为我们对“高个子”这个概念根本没有一个明确的界限。

如果要把你们班上身高在 1.70 米以上的同学挑出来，这“身高 1.70 米”就不是一个模糊概念。模糊概念的最根本特点就是：有些事物是否概括在这个概念里，是不太明确的。

当然，一个同学的个子越高，他越可以算作高个子。所以不同的事物，能否概括在一个模糊概念中的资格也不同。

这样，我们就可以把一个模糊概念与一张表联系起来，表上列出了每一个事物是否能概括在这个概念中的资格。例如：

概念：你们班上的高个子	
李　华	1
张　明	0
王小虎	0.4
陈大刚	0.75
……	……

这叫资格表。1、0、0.4 等表示资格的多少。对不同的模糊概念，资格表也不同：

概念：你们班上的胖子	
李　华	0
张　明	0.2
王小虎	0.9
陈大刚	0.75
……	……

模糊数学的研究工作，就是以这种表为基本

材料。比如说，两个概念可以合成一个新的复杂概念。对于精确的概念来说，“你们班上的身高超过1.70米、体重超过70千克的同学”是个复杂概念。这个概念是一些什么事物的总称呢？就是你们班上的同学必须既属于“身高超过1.70米”这一组，又属于“体重超过70千克”这一组，也就是说这两组的共同部分。用现代数学的术语来说，就是这两个集合的交集。

对于模糊概念来说，“你们班上的高个胖子”这个复杂概念，有一个什么样的资格表呢？就是

“你们班上的高个子”这个资格表与“你们班上的胖子”这个资格表中，每行的两个数中的较小的一个：

概念：你们班上的高个胖子	
李　华	0
张　明	0
王小虎	0.4
陈大刚	0.75
……	……

李华太瘦了，他根本没有资格叫做胖子，虽然他完全有资格叫做高个子，但还是没有资格叫做高个胖子。张明呢？他完全没有资格叫高个子，所以不管他是胖是瘦，反正没有资格叫做高个胖子。王小虎相当胖，但是只有 0.4 的资格叫做高个子，所以他也只有 0.4 的资格叫高个胖子。陈大刚与他们都不同，叫高个子与叫胖子都有 0.75 的资格，所以他有 0.75 的资格叫高个胖子。

如果你们班上就只有这 4 个同学，你要我去找你班上的高个胖子，我毫不犹豫地就把陈大刚找来了，虽然李华比他高、王小虎比他胖。

说到这里，你多少可以觉出一点儿模糊数学的味道了。模糊数学利用了资格表——用现代数学的术语来说叫做特征函数，就可以用精确的数量关系来表达模糊概念和它们的关系了。所以模糊数学处理的虽然是模糊的东西，但是它本身并不是模糊的！

在数学的各种分支中，类似模糊数学的例子还有。比如研究数量变化，这个变化可以非常复杂，甚至可以反复无常，但是变量的数学——微积分，却是一门脚踏实地的严肃学科，丝毫也没有反复无常的地方。

以不变对万变，以精确对模糊，这都是现代数学的深刻性和技巧性的精彩所在！

不可能问题

科学根据现象总结出规律，就可以做出许多预见。天文学不但能告诉我们明天会不会发生日食，还能准确地预告我们2009年会发生一次金星凌日，就是金星恰好在地球和太阳之间穿过。气象学就差一些，因为连明天会不会下雨这样的问题，预报也经常弄错。

在科学发展中，更加困难的任务是准确地告诉人们，什么事情是不可能的。物理学告诉我们永动机是不可能的，化学告诉我们氩不可能氧化，数学也做出了许多不可能的结论。

怎样用加号、乘号和括号，把4个“2”写成一个得数是 10 的算式？你很快就会找到：$2+2\times(2+2)=10$。要写出得数是 3 是不可能的。但是要做出这样的判断就难得多。第一，你得察觉出这是不可能的；第二，你要证明为什么这是不可能的，当然就难得多了。

许多有名的数学问题就是这样。

例如用一根直尺和一个圆规：

把一个已知角三等分；

作一条线段，它的长度等于一已知线段的 $\sqrt[3]{2}$ 倍；

作一个正方形，它的面积和一个已知的圆面积相等。

这 3 个作图题看起来都不难。但是，在很长的时间里，不知花了多少人的精力，总是做不出来。最后发现，这 3 个问题只用圆规和直尺是不可能解决的！

如果有一个人声称他解决了这 3 个问题中的一个，要指出他错在哪里是一件很简单的事。但是，要严格证明这 3 个问题是不可能的，就要用到许多高等数学的知识。

很多少年有闯禁区的胆量，敢于去做前人认为做不到的事，这是很可贵的！但是在这之前，应该大体了解一下前人为什么没有做到，如果可以做到而前人没有做到，那么，前人的漏洞和错误在哪里。这样了解是闯出新路所不可缺少的。不然就不是勇敢而是莽撞了，最后就会碰壁，白白浪费了许多精力和时间。

数学中另一个有名的问题是解方程的公式。

大家都知道一次方程 $ax+b=0$，它的解是 $x=-\frac{b}{a}$；

二次方程 $ax^2+bx+c=0$ 有两个解，

$$x=\frac{-b\pm\sqrt{b^2-4ac}}{2a}$$

三次和四次方程的解法只有 300 年左右的历史，它们的公式得写满一两页纸。

后来，人们用了整整一个世纪，想找到五次、六次和更高次方程式的一般解法。这就是要找到一个公式，用方程式的系数做加、减、乘、除或者开方得到方程式的解。但是都失败了。

这时候，年仅19岁的法国青年数学家伽罗华，从前人的失败中总结出了深入的规律，他证明了五次以上的方程式，不可能用系数的加、减、乘、除或开方解出来。

为了证明这一点，伽罗华创立了一个全新的数学分支——群论。群论开创了数学的一个新时期——近代数学的时期。他以群论为工具，解决了长期困惑着数学家的问题。

伽罗华的发现是如此的深奥，以致当时最权

威的数学家都不理解。他们把他的手稿保存了许多年，才弄明白他的发现是怎么一回事。

不幸的是，伽罗华把他的手稿寄出之后的第二天就被杀害了。人们为了纪念他的功绩，把许多与他有关的数学概念，用他的名字来命名，比如伽罗华理论、伽罗华群、伽罗华域。

100 多年来，许多不可能问题，都是按照伽罗华开创的路线去证明的。

等待着人们去试探

到了20世纪30年代，另一位青年数学家哥德尔又开创了一条新的路，来证明另一类不可能问题。

他证明了一个非常惊人的问题：

在任何一门数学中都有这样的东西，从这门数学中的已知的事实出发，你不可能证明它对，也不可能证明它不对。

当时最有权威的数学家之一希尔伯特，正在把数学向形式化的道路上推进。他认为，数学的每一个分支，都可以从一些简单的事实出发，用严格的逻辑推理的办法，推演出许许多多的结论来。

希尔伯特很透彻地整理了几何，把它建立在几组简单的事实（如两点可以连一直线这样一些简单的事实，他把这些叫做公理）基础上，为他的主张树立了一个样板。他对算术、代数等也这样做了。

希尔伯特学派满怀信心地认为，这样可以把数学的任务集中到逻辑推理这一点上去，把数学和外界的联系割断。这就是他们所希望的形式化。

他们的工作大大提高了数学的系统性和严格性，对数学的贡献是非常大的。但是，他们的总目标却是荒谬的。

哥德尔对这个目标表示了怀疑，他想说明这个目标是不可能达到的。他认为，数学的任务不能只是逻辑推理，还必须对外界进行观察，不断用新的发现来丰富数学；而这些新的发现，是不能从原来的数学知识证明的。这样，他就想到了要去证明上面说的那条定理。

证明这样的定理是极为困难的。因为它要洞

察全部数学推理的能力的界限。

据说一个有名的问题对他启发很大。这个问题是：下面这句话对不对？

“这句话是假话。”

如果你说这句话对，那你就得承认这句话是假话，因为这是这句话本来的意思。

如果你说这句话不对，那你就得认为这句话不是假话，这样一来，你也就认为这句话是对的了。

真是两头为难了！

哥德尔模仿这个问题也写出了一句话：

“这句话是不能证明的。”

他想，如果你能从某些前提出发证明这句话是对的，那你就得承认这句话是不能证明的，你就陷入了矛盾。

如果你能从某些方面出发证明这句话不对，那你就承认这句话是可以证明的，你怎么又能证明它是错误的哩！

可见，从任何前提出发，你既不可能证明这

句话是对的，也不可能证明这句话是错的。

经过许多耐心细致的推演，哥德尔证明了他的定理。

哥德尔的定理，不但宣告了把数学彻底形式化的企图是不可能的，而且开创了一条新路，来证明数学中的不可能问题。在这方面的新的成果之一，是解决了有名的希尔伯特第十问题。

1900 年，希尔伯特给 20 世纪的数学家提出了 23 个数学问题，其中第十个问题是：

能不能找到一个办法，用这个办法，可以判断任何一个不定方程有没有整数解。

这个问题的答案是“不可能”。大概正是因为它的答案是不可能，才使它很难解决，以至于花了 70 年的时间。

在解决这个问题的时候，需要掌握从一些已知的数出发，进行各种各样的计算所可能得到的一切结果的总和。

一个可以得到结果的计算过程，叫做一个算法。比如整数的加、减、乘、除，是算法；求最大公约数、最小公倍数，是算法。但是，我们没有分解因式和证明几何定理的算法，所以不能按照某个固定的办法去解决这些问题。

第十问题的意义就是要找到一个算法，而对它的回答是“不可能”。

数学上的不可能问题还有许多，不过大都十分艰深。有的问题，把它说明白就得写上许多页。

这些不可能问题，分别属于不同的数学分支。但是现代数学中最关心的，是几个互相有关的分支，它们是数理逻辑、算法理论、递归函数论、自动机理论、形式语言学等等。这反映了电子计算机的发明和广泛应用，给人们开辟了解决各种疑难问题的新的前景。除了努力解决这些疑难问题之外，数学家还要关心一个非常严肃的问题：电子计算机能解决的问题的界限在哪里？

人们越来越发现，不是有了电子计算机就万事大吉了，还有许多问题不能用电子计算机解决。我们永远不能把所有的问题都交给电子计算机去解决，而自己躺下来睡觉。我们总要继续研究，有所发明，有所创造。数学是一个等待人们去不断探索的领域。

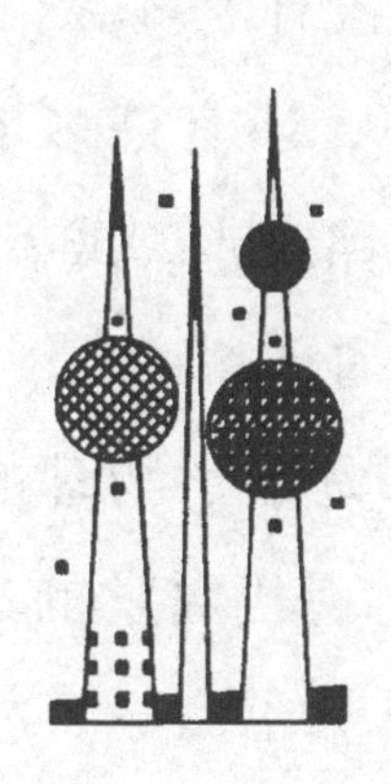

和你告别

我们一起在数学的花园里漫步，已经走了不少的地方，但是远没有走遍。

在这个花园里，还有许多地方，或者因为太偏僻，或者因为道路难走，或者因为刚开始开垦，我们只好在远处看看了。

你看那边，那是数学物理的高大建筑。那里有许多道路，通向现代数学的近邻——现代物理的质点系动力学、量子力学、相对论、统一场论等建筑。

再远一点儿，是数学生物学的高大建筑。那里有公路通向生物学的大花园。生物学家常常来

请数学家去做客，帮助他们研究许许多多崭新的课题，比如生态学、遗传工程和进化论的问题。

你看到那个奇形怪状的新建筑物吗？那是“灾变论”的工地，它才刚刚搭起第一层，在那里工作的人还不多，但是他们研究的问题却很有趣味：一个渐近过程会不会自然而然地中断？影响一个过程的隐蔽的因素怎样才能找到？别看他们人少，说不定会大放异彩哩！

总之，数学的花园正在快速发展，不断扩大，生机勃勃，日新月异。

为什么会这样呢？

你可能听老师讲过，数学研究的是各种各样的数量、图形以及它们的关系。哪里有数量，哪里有图形，哪里就有数学。

以前有过一种误解，认为只有理论科学才用数学，在工程技术问题中，数学只能起参考作用。随着工程技术的发展，特别是自动化和电子计算机的应用，数学越来越成为工程师的必要武器了。

还有一种误解，以为数学是专为自然科学服务的。随着社会科学的发展，这个看法早就打破了。

经济学家发现，没有精确的计算，就弄不清经济的规律。

语言学家发现，有了数学，才能精确地描述语言的构造和意思。

历史学家发现，古物的鉴定，史料的整理，

数学都可以帮大忙。

甚至文学和艺术方面的理论家也发现，数学可以帮助他们解决某些难题。

更不用说军事学家了，离开了数学他们就根本没有办法指挥现代化的战争。

其实，任何一门学科都有它的幼年时期和成熟时期。在一门学科的幼年时期，人们只能粗略地描述一下它的规律。随着这门学科的成熟，人们要求精密地研究它的规律。各种各样的论点要用数据来论证，各种各样的方案要通过数据来比较。也只有这样做，这门学科才能不断地成熟起来。

一门学科成熟的程度如何，看它使用数学的程度就可以鉴别。怀疑这个说法的人已经越来越少了。

数学就是这样成为许多科学技术的基础和后方，努力为它们服务。而整个科学的发展，又反过来推动数学的发展。

因此，任何一个准备为祖国贡献力量的少年，不管他将来学什么，干什么，都要努力掌握数学，把数学当做自己的一件得心应手的锐利武器。当然，数学本身同样需要一大批有才干的人，来为它的发展贡献力量。很可能你已经暗下决心，要到这里来做一名无畏的勇士。